E-Book inside.

Mit folgendem persönlichen Code
erhalten Sie die E-Book-Ausgabe
dieses Buches zum kostenlosen
Download.

58018−r65p6−
wu2qn−200bj

Registrieren Sie sich unter
www.hanser-fachbuch.de/ebookinside
und nutzen Sie das E-Book
auf Ihrem Rechner*, Tablet-PC
und E-Book-Reader.

* Systemvoraussetzungen:
  Internet-Verbindung und Adobe® Reader®

Illetschko/Käfer/Spatzierer

Risikomanagement

Sabine Illetschko
Roman Käfer
Klaus Spatzierer

RISIKOMANAGEMENT

Praxisleitfaden zur integrativen Umsetzung

Bibliografische Information der Deutschen Nationalbibliothek
Die Deutsche Nationalbibliothek verzeichnet diese Publikation in der
Deutschen Nationalbibliografie; detaillierte bibliografische Daten
sind im Internet über http://dnb.d-nb.de abrufbar.

© 2014 Carl Hanser Verlag München
http://www.hanser-fachbuch.de

Lektorat: Lisa Hoffmann-Bäuml
Herstellung: Thomas Gerhardy
Umschlaggestaltung: Stephan Rönigk
Satz: Kösel Media GmbH, Krugzell
Druck & Bindung: Friedrich Pustet, Regensburg
Printed in Germany

ISBN 978-3-446-43859-0
E-Book-ISBN 978-3-446-43770-8

Vorwort

Kapitalmarktorientierte Unternehmen sind auf Basis der im Jahr 2006 von der Europäischen Kommission erlassenen Änderungsrichtlinie zum Jahresabschluss dazu gesetzlich verpflichtet, Risikomanagement- und Interne Kontrollsysteme einzuführen und darüber zu berichten.

In Ihrer Position als Projektleiter oder Umsetzer bzw. Steuerer eines Organisationsprojekts im Unternehmen werden Sie wissen, wie man Projekte plant und umsetzt, Teams führt und mit Projektumwelten umgeht. Sie werden die Branche kennen, in der Sie sich bewegen. Die Marktposition des Unternehmens, die internen Strukturen, Systeme und Prozesse werden Ihnen nicht fremd sein, und Sie werden die nötige Erfahrung haben, diese entsprechend zu bewerten und zu steuern.

Dies alles vorausgesetzt, werden Sie auch die nötige Erfahrung haben, wie man es anstellt, sich in neue Themengebiete rasch einzulesen und die wichtigen Informationen herauszufiltern. Je komplexer die Materie, je ungenauer die gesetzlichen Regelungen und je schwieriger die Themenbereiche an den Schnittstellen zu durchschauen sind, desto schwieriger wird es, die Anforderungen zu erfüllen. Das kostet Zeit, die wir Ihnen ersparen wollen!

Wir haben zahlreiche Unternehmen bei der Implementierung von unterschiedlichen Systemen unterstützt. Im Rahmen dieser Projektarbeiten haben wir ein Integratives Risikomanagementsystem-Modell (IRMS-Modell) entwickelt, das Schritt für Schritt zeigt, wie ein Risikomanagementsystem erfolgreich implementiert werden kann. Dieses Modell ist praxiserprobt und wird bzw. wurde in unterschiedlichen Unternehmen erfolgreich eingesetzt.

Basis dieses Vorgehensmodells zur Implementierung eines Risikomanagementsystems sind vorhandene Rahmenwerke wie der aus den USA stammende COSO-Leitfaden (Rahmenmodell für Interne Kontrollsysteme

und Risikomanagementsysteme) und die ISO 31000 (Risikomanagement –
Grundsätze und Richtlinien), aus denen wir die jeweils nötigen Details
extrahiert haben. Unser Ziel ist es, dieses Vorgehensmodell so klar und
so einfach wie möglich darzustellen. Die einzelnen Schritte sollen dabei
Denkanstöße geben, wie man – angepasst an unterschiedliche kulturelle
Rahmenbedingungen und bestehende Systeme und Abläufe – ein solches System aufbauen kann.

Herzlichen Dank möchten wir Uschi Schön für die administrative Unterstützung, Sabina Kleinowitz und Reinhold Sommer für das Lektorat aus-
sprechen sowie dem Carl Hanser Verlag für das Vertrauen in uns, diesen
praxisorientierten Beitrag zum Risikomanagement gestalten zu dürfen.

Wien, Frühjahr 2014
Sabine Illetschko, Roman Käfer, Klaus Spatzierer

Die Autoren haben sich in diesem Buch darum bemüht, dem Anwender
einen komprimierten, praxisorientierten und dennoch umfassenden
Überblick zum Thema Risikomanagement zu geben. Zweifellos gibt es
noch weitere Vertiefungen in den dargestellten Inhalten. Es würde uns
freuen, wenn Sie uns Ihre Anregungen, Ihre Praxiserfahrungen und
etwaigen inhaltlichen Erweiterungen mitteilen würden:

procon Unternehmensberatung GmbH

Saarplatz 17

A-1190 Wien

Tel.: +43-1-367 91 91-0

Fax: +43-1-367 91 91-9

office@procon.at

www.procon.at

Inhalt

1   Zum Inhalt   1

2   Basiswissen   3
2.1 Das Managementsystem   3
     2.1.1   Theoretische Grundlagen des Managementsystems ...   4
     2.1.2   Nutzen eines Steuerungssystems   8
     2.1.3   Das integrative Steuerungssystem   8
     2.1.4   Nutzen eines integrativen Managementsystems   15
2.2 Das Risikomanagementsystem   17
     2.2.1   Elemente eines Risikomanagement- und Internen
             Kontrollsystems   17
     2.2.2   Begriffe rund um das Thema Risikomanagement   19
2.3 Literatur   21

3   Grundlagen IRMS   23
3.1 Gesetzliche Bestimmungen   23
     3.1.1   Abschlussprüfer- und Änderungsrichtlinie   23
     3.1.2   Umsetzung der Richtlinie im deutschsprachigen Raum   24
3.2 Basis des Modells   28
     3.2.1   Rahmenwerke COSO I und COSO II   29
     3.2.2   Norm ISO 31000   35
3.3 Risiken steuern   44
3.4 Literatur   52

4   Schritt für Schritt zum IRMS   55
4.1 Das IRMS-Modell im Überblick   55
4.2 Sieben Schritte zum IRMS   58
     4.2.1   Schritt 0 – Erwartungen an das Projekt   60
     4.2.2   Schritt 1 – Durchführung einer Systemumfeldanalyse ..   63

4.2.3   Schritt 2 – Definition der risikopolitischen Grundsätze   72

4.2.4   Schritt 3 – Risikoidentifikation und -bewertung   84

4.2.5   Schritt 4 – Risikoanalyse   101

4.2.6   Schritt 5 – Steuerungsmaßnahmen definieren und
umsetzen   119

4.2.7   Schritt 6 – Risiko-Monitoring   130

4.3   Exkurs: IT-Tool-Auswahl   133

4.4   Literatur   135

5   Das tägliche Geschäft – der Risikomanagementprozess ...   137

5.1   Organisationsstruktur im IRMS   137

5.2   Rollen im Umfeld des Risikomanagements   139

5.2.1   Prüfungsausschuss   139

5.2.2   Revision   140

5.2.3   Oberste Leitung   143

5.2.4   Risikomanager   144

5.2.5   Risiko- bzw. Kontrollverantwortlicher   145

5.2.6   Risiko-/Kontrolleigner   147

5.2.7   Möglichkeiten der organisatorischen Zuordnung
der Rollen im IRMS   148

5.3   Regelmäßige Aktivitäten der Risikosteuerung   152

5.3.1   Prozess „Risiken steuern"   152

5.3.2   IRMS-Zyklus   155

5.3.3   Umsetzung des Rahmens des IRMS   156

5.4   Literatur   159

6   Systemintegration in der Praxis – Empfehlungen   161

6.1   Projektmanagement als Basis   162

6.1.1   Projektinitialisierung   163

6.1.2   Projektplanung   163

6.1.3   Projektsteuerung   170

6.1.4   Projektabschluss   172

6.2   Integration als Schlüssel   173

6.3   Literatur   176

Abkürzungen   177

Die Autoren   181

Index   185

1 Zum Inhalt

Der vorliegende Leitfaden soll als Hilfestellung für die Implementierung eines Risikomanagementsystems dienen. Dabei wurde im Besonderen darauf geachtet, dass kein „weiteres" Managementsystem, das lose im Unternehmen implementiert wird, entworfen wird. Vielmehr soll von Beginn einer solchen Implementierung an nach dem vorliegenden Modell darauf Bedacht genommen werden, in welchem Systemumfeld implementiert werden soll und welche Schnittstellen zu bestehenden Abläufen und anderen organisatorischen Bausteinen im Unternehmen bestehen.

Die Idee für den sogenannten „integrativen Ansatz" der Modellentwicklung entstand aus den berufsalltäglichen Problemstellungen der drei Autoren. Unter „integrativ" verstehen die Autoren einen Ansatz, der bestehende systemische und organisatorische Ansätze im Unternehmen nicht außer Acht lassen will und diese beim Aufbau und bei der Implementierung des neuen Systems mit beachtet haben will. Der Vorteil – sowohl im Kreationsprozess und beim eigentlichen Umsetzen – liegt dahin gehend auf der Hand, dass Altes, das sich bewährt hat, nicht neu erfunden werden muss. Dies erspart Zeit und Geld und fördert darüber hinaus die Akzeptanz eines neuen Systems und eines damit einhergehenden Organisationsentwicklungsprozesses.

Es soll gezeigt werden,

- welche rechtlichen Rahmenbedingungen und Anforderungen es für solche Systeme gibt,
- welche anerkannten Modelle es zum Aufbau dieser Systeme gibt,
- welche organisatorischen Mindestvoraussetzungen für eine Implementierung umgesetzt sein müssen,

- wie ein solches System Schritt für Schritt aufgebaut werden soll,
- worauf Sie besonders achten sollten,
- wie Sie vermeiden, dass schwierige Rahmenbedingungen zu Problemen werden,
- welche Hilfsmittel man bei der Umsetzung verwenden kann,
- wie die Motivation aller bei der Umsetzung beteiligten und von der Umsetzung betroffenen Mitarbeiter gefördert werden kann.

Dieser Leitfaden begleitet im Kapitel 4 den Projektumsetzer Schritt für Schritt durch das praxiserprobte Vorgehensmodell. Die einzelnen Schritte sind

- konkret und verständlich definiert,
- eindeutig abgegrenzt und
- um beliebig viele (vordefinierte oder selbst erarbeitete und der Situation angepasste) Komponenten erweiterbar.

Jeder Arbeitsschritt wird komplementiert durch

 Check- und Arbeitslisten

 Tipps aus der Praxis

 Wichtige Hinweise

 Schnittstellenmanagement

2 Basiswissen

◼ 2.1 Das Managementsystem

Das Verständnis eines Management- oder Steuerungssystems beruht auf unterschiedlichen anerkannten Lehren, die in bestmöglicher Kombination – immer angepasst an die Anforderungen des Unternehmens – in unterschiedlicher Ausprägungsform und Tiefe in der Praxis entsprechende Adaption finden müssen.

Ein Managementsystem sollte dabei immer der Erreichung der Unternehmensziele dienen. Die Anwendung des Systems mit seinen Elementen der Steuerung soll sicherstellen, dass Unternehmensziele – sowohl strategischer als auch operativer Natur – erreicht werden können.

Alle Handlungen zur Zielerreichung finden in einem definierten Rahmen statt, der sich unter anderem aus Elementen wie der Rechtsform, dem Unternehmensgegenstand, dem Kulturverständnis, der Mission/Vision eines Unternehmens, dem Standort, den speziellen Kundenanforderungen und vielem mehr zusammensetzt.

Durch den Einsatz unterschiedlicher Steuerungselemente, wie die des in zahlreichen Normen und Werken beschriebenen Qualitäts-, Prozess-, Projekt- und Risikomanagements, soll die übergeordnete Zielerreichung sichergestellt werden. Dabei sollten folgende Anforderungen erfüllt sein:

- **Transparente Ausgestaltung** im Sinne der eindeutigen Begriffsfindung für Funktionen, Funktionsbereiche und Handlungen zur Ausübung von Funktionen, die für die Unternehmenszielerreichung wichtig sind (beispielsweise Bereiche, Abteilungen und Rollen wie Projektmanager oder Risikomanager),
- **Zielkonsistenz** sowohl aus horizontaler (nebeneinander existierende Systemziele wie z. B. Risikozielsetzungen, Qualitätszielsetzungen) als

auch aus vertikaler Sicht (z. B. operative Ziele entsprechen den strategischen).

2.1.1 Theoretische Grundlagen des Managementsystems

Laut ISO 9000:2005 (*Qualitätsmanagementsysteme – Grundlagen und Begriffe*) ist ein Managementsystem ein System „zum Festlegen von Politik und Zielen sowie zum Erreichen dieser Ziele". Daraus abgeleitet ergibt sich ein Kreislaufgedanke: Definition, Planung und Vorbereitung, dann die Umsetzung, schließlich die Beurteilung der Zielerreichung und das bewusste Setzen von Maßnahmen, um etwaigen Zielabweichungen entgegenzutreten. Diesen Kreislauf aufrechtzuerhalten, ist im Grunde Sinn und Zweck eines Managementsystems.

Ein Managementsystem ist demnach ein Ordnungsrahmen, eine Struktur und Vorgabe, um darin etwas systematisch vorzugeben und anhand von akzeptierten und eindeutigen Regeln immer wieder ablaufen zu lassen. Mit dem Begriff „Management" ist hier die Steuerung des Unternehmens in Richtung Zielerreichung gemeint. Es handelt sich um die Steuerung der durch interne Durchführungs-, Entscheidungs- und Kontrollverantwortliche gesetzten Aktivitäten und die bestmögliche Nutzung von externen unbeeinflussbaren Rahmenbedingungen bzw. die Änderung derer, die beeinflussbar sind.

Je nachdem, welches Thema in diesem Ordnungsrahmen gesteuert werden soll, spricht man dann von einem Qualitäts-, Umwelt-, Arbeitssicherheits- und/oder eben auch Risikomanagementsystem als Teil eines gesamten Steuerungssystems. Die Definition eines Qualitätsmanagementsystems der ISO 9000:2005 lautet: „Managementsystem zum Leiten und Lenken einer Organisation bezüglich der Qualität" (Kapitel 3.2.3, Seite 20). Ein Risikomanagementsystem ist laut ONR 49000 (*Risikomanagement für Organisationen und Systeme*) definiert als „Elemente des Managementsystems einer Organisation mit der Aufgabe, Risiken zu bewältigen". Das Risikomanagementsystem wird also als Teil eines übergreifenden Systems gesehen.

Unternehmen können das Managementsystem entsprechend den eigenen Vorgaben gestalten. Es gibt keine normierte Gestaltungsvorgabe, wie dieses strukturiert sein muss oder aufzubauen ist. Diverse einschlägige Normen geben dazu branchenübergreifend Hilfestellungen. Die bekanntesten Beispiele hierfür sind:

- Qualitätsmanagement nach ISO 9001,
- Umweltmanagement nach ISO 14001,
- Sicherheit und Gesundheit nach OHSAS 18001,
- Lebensmittelsicherheit nach ISO 22000,
- Energieeffizienzmanagement nach ISO 50001,
- Risikomanagement nach ISO 31000.

Bekannte branchenspezifische Vorlagen für Managementsysteme sind beispielsweise:

- QM Automobilindustrie: VDA 6.1, QS 9000, ISO/TS 16949,
- Telekommunikation: TL 9000,
- Luft- und Raumfahrt: AS 9100,
- QM Medizinprodukte: ISO 13485.

Die Liste aller heute verfügbaren Normen und Richtlinien für die Gestaltung und den Inhalt von Managementsystemen ist umfangreich und beinhaltet viele Dutzende Werke. Fast alle dieser Normen stellen Standards für den Aufbau von Managementsystemen dar, deren Anwendung für das Unternehmen frei wählbar ist. Unternehmen können sich jedoch genau an den Rahmen halten, um damit einer „offiziellen Vorgabe" zu folgen, die demnach auch leichter zu prüfen ist. Durch die Prüfung nach diesen Vorgaben (durch unabhängige Dritte) und die Bestätigung der Erfüllung der Vorgaben durch ein Zertifizierungsunternehmen kann einheitliche Transparenz hergestellt und jeglicher Wettbewerbsvorteil genutzt bzw. ein etwaig geforderter Nachweis zur Erfüllung von Mindestanforderungen erbracht werden.

Die Zielsetzung der ISO 31000, der Norm für Risikomanagement, ist, eine Grundlage für eine einheitliche Vorgehensweise im Risikomanagement zu schaffen, um vor allem innerhalb der Managementsystemnormen das Thema Risikomanagement zu vereinheitlichen. Sie stellt ein unverbindliches Hilfsmittel dar, nach dem explizit nicht zertifiziert werden soll (allerdings bieten einige Zertifizierungsgesellschaften trotzdem Zertifizierungen an, teilweise unter anderer Bezeichnung wie „Risk Based Assessment" etc.).

Im europäischen Raum sind die rechtlichen Anforderungen zum Thema Risikomanagement vage ausgestaltet. Es besteht kein faktisches Regelwerk, an dessen Mindestanforderungen man sich halten muss. Betrachtet man die ISO 9001 (Qualitätsmanagement), ist und war die Zertifizierbarkeit ein wesentlicher Motor für die heutige Verbreitung und Akzeptanz des Qualitätsmanagements. Diese schränkt jedoch auch teilweise die sinnvolle und zielgerechte Ausgestaltung von Organisationen ein, da strikte formale Anforderungen die Zielerreichung nicht unbedingt positiv beeinflussen müssen. Auch die Anforderungen an das Risikomanagement im US-amerikanischen Raum sind sehr präzise und beinhalten viele vollständige Angaben und Anforderungen. Dies fördert einerseits die Eindeutigkeit, Vergleichbarkeit und Prüfbarkeit der Systeme, schränkt aber den Ausgestaltungsspielraum ein. Vor allem, wenn man bedenkt, dass unterschiedliche Unternehmen neben unterschiedlichen Zielsetzungen vor allem in und mit unterschiedlichen Organisations- und Umfeldkulturen und -strukturen operieren.

Bindende Vorgaben zur Etablierung und Nutzung von Steuerungssystemen sind sinnvoll, wenn sie klare Mindestanforderungen beschreiben, jedoch die Instrumente zur Erfüllung frei wähl- und kombinierbar und an die Unternehmensanforderungen adaptierbar sind. Normen, Richtlinien, Leitfäden oder Best-Practice-Modelle zu verschiedenen Themen wie Qualität, Umwelt, Sicherheit und Compliance sollen dabei genutzt und entsprechend angepasst verwendet werden und können – als Teile oder im Gesamten – folgenden Zwecken dienen (Wagner/Patzak 2007):

- **Hilfsmittel/Checkliste:** Vorgaben können als Hilfe im Sinne der abzudeckenden Themengebiete/Anforderungen gesehen werden.

- **Standard/Mindestlevel:** Normen definieren einen gewissen Level an Anforderungen, der durch das Unternehmen erfüllt werden muss (wenn Zertifizierungsanforderungen bestehen bzw. rechtliche Anforderungen erfüllt werden müssen). Wo Standards existieren, besteht auch die Möglichkeit des Vergleichs.

- **Einheitlichkeit/Gesprächsbasis:** Innerhalb eines Unternehmens sowie nach außen entsteht aufgrund von Vorgaben die gleiche Gesprächsbasis, indem zumindest die gleichen Begrifflichkeiten verwendet werden.

- **Themenbezogen:** Themen- und branchenspezifische Detaillierung nimmt in den letzten Jahren eine immer größere Bedeutung ein.

- **Verbindlichkeit/harte Vorgaben:** Die meisten Vorgaben haben empfohlenen Charakter. Im Gegensatz dazu stehen Gesetze, die vollinhaltlich einzuhalten sind.

Ein Managementsystem kann also als ein Ordnungsrahmen für das Unternehmen definiert werden, der zugleich ausreichend Freiraum für flexibles Handeln lassen soll. Folgende grundsätzliche Voraussetzungen für Steuerungssysteme, wie flexibel diese auch immer ausgestaltet sind, müssen erfüllt sein (Wagner/Patzak 2007):

- System ist existent und wird gelebt.
- System ist an Größe und Anforderungen des Unternehmens angepasst.
- Teile des Systems können nach Bedarf angepasst werden.
- System ist eindeutig festgelegt und kommuniziert.
- System kann auf Sinnhaftigkeit geprüft werden.
- System kann im Sinne der kontinuierlichen Verbesserung auf Effizienz geprüft werden.

Die grundlegenden Begriffe, die die Managementtheorie immer wieder verwendet, werden oft unterschiedlich interpretiert. Da viele betriebs- und organisationswirtschaftliche Begriffe im IRMS-Modell Verwendung finden, ist es zweckmäßig, diese eindeutig zu klären. Tabelle 2.1 gibt einen entsprechenden Überblick.

Tabelle 2.1 Begriffsdefinitionen

System	Rahmen, Abgrenzung, Klärung, was betrachtet wird
Konsistentes System	Die einzelnen Unternehmensziele widersprechen sich sowohl aus horizontaler (Ziele der Teilsysteme bzw. Steuerungselemente) als auch aus vertikaler Sicht (Unternehmensziele, Bereichs- und Abteilungsziele, Mitarbeiterziele) nicht.
Management	Management wird im deutschsprachigen Raum oft mit Führung verwechselt, es ist aber tatsächlich mehr. Es bedeutet Steuerung: das Planen, (Durch-)Führen, Lenken, Kooperieren, Motivieren, (De-)Eskalieren, Prüfen, Erhalten und Erneuern.
Steuerungselemente	Jene Aspekte eines Steuerungssystems, die zur Entscheidungsfindung erforderlich sind wie z. B. Auswertungen, definierte und kontrollierbare Bereichsziele etc.
Durchführungsverantwortung	Jene Personen, die Maßnahmen zur Zielerreichung (Planung und Durchführung), zur Förderung und Durchführung der Kooperation, zur Systemerhaltung und -erneuerung realisieren.
Entscheidungsverantwortung	Jene Personen, die Richtungsentscheidungen treffen und Anweisungen geben, damit Maßnahmen realisiert werden können. Sie delegieren in der Regel an Durchführungsverantwortliche oder haben selbst Durchführungsverantwortung.
Kontrollverantwortung	Personen mit Durchführungsverantwortung, die eine risikosteuernde Aktivität im Sinne einer Kontrolle ausführen.

2.1.2 Nutzen eines Steuerungssystems

Der Nutzen von an die Anforderungen des Unternehmens angepassten Regeln, die eindeutig definiert sind, die objektiv geprüft werden können und zum Zwecke der Effizienz anpassbar sind, ergibt sich im Wesentlichen aus folgenden Aspekten:

- Handlungsvorgaben z. B. in Form von Prozessen, Handlungsanweisungen oder Verantwortungsmatrizen stellen vor allem für deren Verwendung in einem Internen Kontrollsystem (IKS) sicher, dass Regeln für wesentliche Aktivitäten, die in definierter Form wiederholbar sind, eindeutig fixiert sind.

- Die Orientierung an Zielvorgaben und der damit permanente Zwang, an der Zielerfüllung und im Sinne des nachhaltigen Erfolges des Unternehmens zu arbeiten.

- Die durch die Dokumentation im Managementsystem einhergehende Transparenz und dadurch gegebene Verbesserungsfähigkeit. Nur wenn eindeutig nachvollziehbar ist, wie die Leistungen der Organisation erbracht werden, können etwaige notwendige Verbesserungen zum Zwecke der Unternehmenszielerreichung bzw. -sicherung durchgeführt werden.

- Die Definitionen von Regelungen, die entsprechend den grundlegenden Transparenzanforderungen dokumentiert sind, versetzen die Organisation in die Lage, auch Dritten gegenüber glaubhaft nachzuweisen, dass diese Regelungen eingehalten wurden.

- Ein transparentes und klares Steuerungssystem zwingt die Mitarbeiter dazu, sich an die vereinbarten Vorgaben zu halten. Werden diese Vorgaben nachweislich eingehalten, ist die Wahrscheinlichkeit hoch, auch die Unternehmensziele zu erreichen – vorausgesetzt die Ziele sind konsistent formuliert, widersprechen sich also nicht.

2.1.3 Das integrative Steuerungssystem

In den letzten Jahren wurde immer deutlicher, dass der normative Fokus auf das Thema Qualität nicht genügt, um üblichen Transparenzanforderungen zu entsprechen, die notwendigerweise zu erfüllen sind, um Zielsysteme und deren Unterbau nachvollziehbar aufzubauen und nutzen zu können. Qualitätsmanagementsysteme können nicht alle relevanten Aspekte einer Unternehmensorganisation im Sinne der Organisationsentwicklung abdecken. Es gibt zahlreiche andere Themen, die eine Organisation nachhaltig und systematisch verfolgen muss, um den administrativen Rahmen zu gestalten, der die Unternehmenszielerreichung unterstützt bzw. gewährleistet. Bereiche wie Umwelt, Arbeitssicherheit, Informationssicherheit und eben auch Risikosteuerung müssen nachvollziehbar gestaltet sein, um mit anderen Zielsystemen sinnvoll und effizient kombinierbar zu sein.

Die Behandlung dieser verschiedenen Themen in voneinander unabhängigen Steuerungssystemen ist nicht sinnvoll, weil sich unter Umständen Ziele gegenseitig im Wege stehen – vielleicht auch unvereinbar sind. Darüber hinaus sind formale Grundlagen wie Anforderungen an das System, Regeln für die Ausgestaltung und Nutzung des Systems, Rollen und Verpflichtungen, Zieldefinitionen, einzelne Maßnahmen usw. nicht zentral abgelegt, nicht kohärent ausgestaltet bzw. nicht sinnvoll miteinander verknüpfbar.

Aus diesem Grund ist es wichtig, in einem frühen Planungsstadium über die Integration der verschiedenen Themenbereiche in einem gemeinsamen System nachzudenken. In nahezu jedem Unternehmen existiert ein Steuerungssystem, das mehr oder weniger transparent und eindeutig ausgestaltet ist. Der integrative Ansatz nutzt die bestehende „Welt" des Unternehmens und „erfindet" bereits existierende Systeme nicht neu.

Systemlandkarten (Bild 2.1) sind z.B. in vielen Unternehmen an bestehende und schon aktiv genutzte Prozesslandkarten geknüpft. Sind die Mindestanforderungen an Systeme durch diese bestehenden Steuerungselemente erfüllt, können die einzelnen Elemente (Dokumentation wichtiger Handlungsabläufe, Definition wichtiger Verantwortungen etc.) gut für jedes andere System genutzt werden.

Den Kern des integrativen Managementsystems bildet in Bild 2.1 die Prozesslandkarte mit der Auflistung aller relevanten Hauptprozesse der Organisation. Der Zielrahmen kommt top-down aus Mission, Vision und Strategie. Die Zusatzforderungen anderer Managementsysteme werden in die Hauptprozesse eingebaut. Audits, Ziel-Controlling und Managementbewertung beurteilen den Umsetzungs- sowie Zielerreichungsgrad und wirken somit korrigierend oder bestätigend auf Mission, Vision und Strategie. Der Kontinuierliche Verbesserungsprozess (KVP) symbolisiert den Gedanken der ständigen Verbesserung als Grundlage jedes Managementsystems – die Organisation soll sich immer wieder hinterfragen und sukzessive verbessern (siehe Pfeile in Bild 2.1). Die verschiedenen Themen wie Qualität, Umwelt, Arbeitssicherheit und auch Risikoma-

nagement werden in die Hauptprozesse „eingebaut", also die Prozessabläufe werden entsprechend ergänzt.

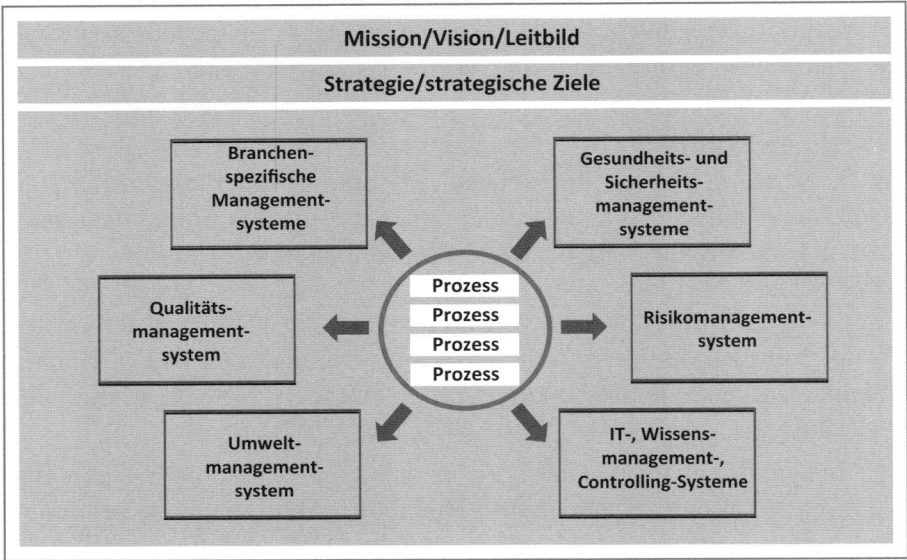

Bild 2.1 Systemlandkarte auf Basis eines bestehenden Prozessmanagementsystems

Der Prozess ist der Träger aller Informationen und wird mit verschiedenen „Brillen" betrachtet. Egal, welche „Brillen" derzeit relevant sind, der
Prozess bleibt immer derselbe, es kommen lediglich zusätzliche Tätigkeiten, Dokumente, Nachweise, Qualifikationen etc. dazu. Im nun ange-
reicherten Prozess sind damit die zu erfüllenden Normforderungen integriert:

- strukturierte Arbeitsabläufe im Prozessmanagementsystem,
- Aufgabenwahrnehmung der Mitarbeiter laut Risikoanalyse (Stellenbeschreibungen) mit klaren Verantwortlichkeiten und Befugnissen,
- Schulungsplanung (wiederkehrend, inklusive Nachweis der Schulungs-
  wirksamkeit mittels Mitarbeitergespräch),
- dokumentierte Kontrollen mit Checklisten, Sicherheitsbüchern und
  Sicherheitsdokumenten,
- Kontrolle der Aktualität von Prozessabläufen mittels interner Audits
  oder Revisionsprüfungen (externes Audit durch Zertifizierung oder
  Abschlussprüfer),
- kontinuierliche Verbesserung mittels Vorschlagswesen,

- Versicherungsschutz für Restrisiken,
- Rechtsänderungsdienst (Holschuld des Unternehmens).

Auf diese Art und Weise können einzelne Elemente von Teilsystemen (Prozessbeschreibung, Prozesslandkarte, Stellenbeschreibung, Organigramm etc.) in andere Teilsysteme eingebaut werden. Die in Bild 2.2 dargestellte Liste zeigt einen beispielhaften Überblick über von verschiedenen Teilsystemen nutzbare Elemente.

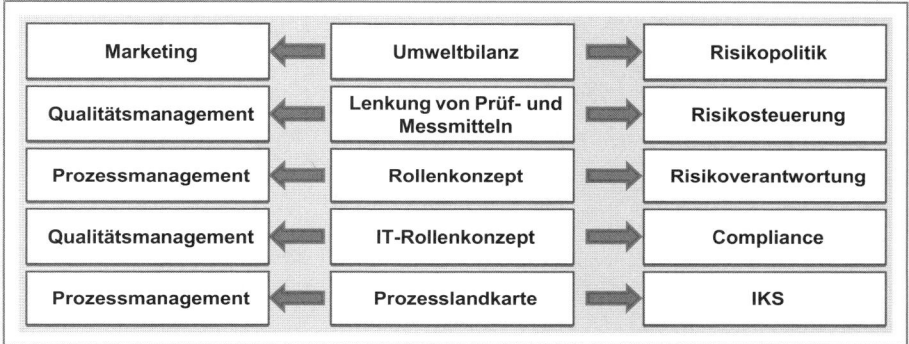

Bild 2.2 Nutzungsmöglichkeiten von Elementen bestehender Systeme für unterschiedliche Bereiche des Risikomanagements

Ein integratives Managementsystem stellt sicher, dass von allen Teilaspekten gemeinsam genutzte Elemente nur einmal beschrieben sind (z. B. Durchführung von Audits) und nicht multipliziert werden. Gerade die jüngste wirtschaftliche Entwicklung zeigt, dass die Schlankheit des Managementsystems ein wichtiger Erfolgsfaktor ist und aufgeblähte Systeme Organisationen eher blockieren als unterstützen. Ein integratives Managementsystem fasst die oftmals getrennt voneinander implementierten eigenständigen Systeme (z. B. Qualität, Umwelt- und Arbeitsschutz, Risiko etc.) zu einem umfassenden, gemeinsamen Steuerungssystem zusammen, welches alle Aspekte und Aufgaben der Unternehmenszielerreichung ganzheitlich umfasst.

Der Begriff „integrativ" steht hier für eine aktive Gestaltung und Einbindung aller Teilsysteme in ein umfassendes Steuerungssystem, das am Ende der Umgestaltung des Unternehmens, z. B. der Einführung bzw. Integration eines Risikomanagementsystems, das Ausgangsystem als gleichwertigen Teil integriert hat.

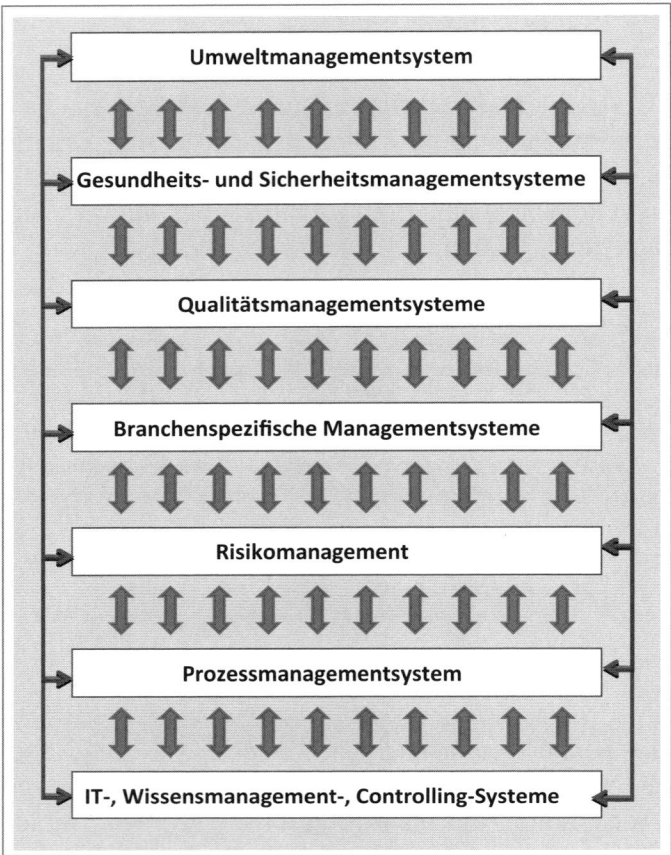

Bild 2.3 Integratives Managementsystem – Verbindung und Nutzung der Inhalte / Instrumente verschiedener anderer Managementsysteme

Oftmals wird zur Abdeckung eines spezifischen Themas ein „Sub-Managementsystem" aufgebaut. Dies bedeutet zwar kurzfristig weniger Aufwand, allerdings entsteht dabei ein weiteres isoliertes Management-system neben bereits vorhandenen Managementsystemen. Überschnei-dungen, unklare Schnittstellen oder eventuell auch konträre Regelungen bei getrennt voneinander aufgebauten Systemen sind keine Seltenheit, und somit ist ein (wirtschaftlicher) Nutzen nicht immer gewährleistet. Die Integration von Managementsystemen ist daher sinnvoll, um mit der Komplexität erfolgreich umgehen zu können (Wagner/Patzak 2007).

Für alle Teilsysteme sollten dabei folgende Mindestanforderungen erfüllt sein:

- **Zielfokus:**

  Das Prinzip der Zugrundelegung eines übergeordneten Ziels mit daraus abgeleiteten „untergeordneten" Zielen ist Inhalt jedes Managementsystems. Die Verfolgung der Ziele, Messung derselben und Beurteilung der Wirksamkeit des Systems sind nachzuweisen.

- **Dokumentenlenkung:**

  Vorgaben bezüglich dessen, wer Dokumente erstellt, welche Vorlagen verwendet werden, wer diese Dokumente freigibt bzw. wie sie an die Betroffenen verteilt werden. Ebenso ist zu klären, wie Aufzeichnungen (Protokolle, außer Kraft gesetzte Dokumente etc.) archiviert werden, um die Nachweisbarkeit sicherzustellen.

- **Klärung der Verantwortungen:**

  Alle Stellen/Rollen in einem Managementsystem müssen bezüglich ihrer Aufgaben, Kompetenzen und Verantwortlichkeiten eindeutig definiert sein.

- **Klare Strukturierung des Unternehmens:**

  Das Prinzip der Betrachtung einer Organisation anhand ihrer Prozesse, Abteilungen, Stellen etc. oder jeglicher Kombination daraus muss den Unternehmensanforderungen angepasst und eindeutig nachvollziehbar sein.

- **Prüfbarkeit und Prüfung:**

  Formale Mindeststandards müssen dahin gehend erfüllt sein, dass unabhängige Dritte die Systeme im Hinblick auf die Unternehmenszielerreichung auditieren können.

- **Regelmäßige Schulung der Mitarbeiter:**

  Der Nachweis, dass die betroffenen Mitarbeiter bezüglich der von ihnen einzuhaltenden Regelungen geschult sind, ist in jedem Steuerungssystem zu erbringen.

- **Kontinuierliche Verbesserung:**

  Ein Grundprinzip jedes Steuerungssystems ist die nachweisliche kontinuierliche Verbesserung auf Ebene des Systems. Das heißt, über die Erhaltung des Systems hinaus sollen die Systeme eine ständige Verbesserung erfahren.

TIPP: Werden bestehende Systeme zur Implementierung neuer Teilsysteme genutzt, können Korrelationsmatrizen den Überblick erleichtern. Die neuen Anforderungen werden den bestehenden Prozessen der Organisation zugeordnet. Es wird geprüft, was im Unternehmen schon vorhanden ist und genutzt werden kann. Es erfolgt eine Gegenüberstellung in Form von einer Matrix, die zeigt, welche Instrumentenelemente in welcher Qualität nötig, welche schon vorhanden und welchem System sie zuzuordnen sind. Bild 2.4 zeigt beispielhaft das Vorgehen.

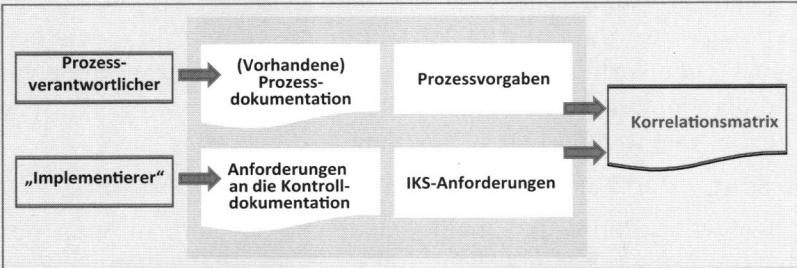

Bild 2.4 Vorgehen bei der Erstellung einer Korrelationsmatrix

Ein definierter Prozess wird z. B. durch den „Implementierer" – im Sinne des Projektumsetzers der Teilsystemimplementierung – untersucht. Er nützt die vorhandene Dokumentation und beurteilt, inwiefern die Anforderungen an das neue System schon vom bestehenden Teilsystemelement (in diesem Fall Prozess eines Prozessmanagementsystems) erfüllt sind. Er erstellt dazu eine Korrelationsmatrix. Diese zeigt Übereinstimmungen und Abweichungen zwischen den zu erfüllenden Anforderungen und der Ausgestaltung der schon bestehenden Systeme.

In der Praxis wird dann geprüft, welche Aspekte in die Prozessbeschreibung übernommen bzw. von der Prozessbeschreibung für das neue Teilsystem genutzt werden.

2.1.4 Nutzen eines integrativen Managementsystems

Der vorrangige Nutzen eines integrativen Steuerungssystems ist die Vermeidung von Insellösungen durch Einzelsysteme. Die Erstellung von aufeinander abgestimmten, effizienten Systemen hat vor allem folgende Vorteile:

- Vielfältige Nutzung der bestehenden Strukturelemente (z. B. Prozesse) zur Erfüllung der Anforderungen der zu integrierenden Systemelemente.
- Nutzung der Systemsynergien bei jenen Systemelementen, die allen Steuerungssystemen gleich sind. Dies führt zu einer Bündelung der Ressourcen und in Folge zur Schlankheit des Gesamtsystems!
- Ergänzung des Zielsystems statt Neuschaffung einer weiteren Systematik.
- Reduzierter Aufwand für jedes weitere, neu dazukommende Thema.
- Durch die Nutzung der bestehenden Elemente ist die Akzeptanz der Mitarbeiter um einiges höher, da auf Bekanntem aufgebaut wird.

Das Nutzen von Synergien und Bündeln von Ressourcen ist einer der wesentlichen Gründe für den Aufbau eines integrativen Managementsystems in Organisationen. Da sich viele normierte Managementsysteme (wie beispielsweise Qualitäts- und Umweltmanagementsysteme nach ISO) in ihrer Struktur ähnlich sind, ist die Integration eines der beiden Managementsysteme in das vorhandene Managementsystem mit wenig Mehraufwand möglich. Die vorhandenen Dokumente werden um die fehlenden Aspekte ergänzt, mögliche Schnittstellen zwischen den Systemen definiert und optimiert. Durch die schlanke Organisationsstruktur kann die Wettbewerbsfähigkeit gesteigert und verbessert werden. Zusätzlich werden der Aufwand und die Komplexität durch die Vermeidung von „Insellösungen" reduziert, da die Verantwortlichkeiten, Schnittstellen etc. klar geregelt sind (Wagner/Käfer 2013).

Bild 2.5 zeigt beispielhaft die Prozesslandkarte eines Integrierten Managementsystems mit vier Prozesskategorien und allen für die Themen Qualität, Projekt, Umwelt, Arbeitssicherheit und Risiko erforderlichen Prozessen.

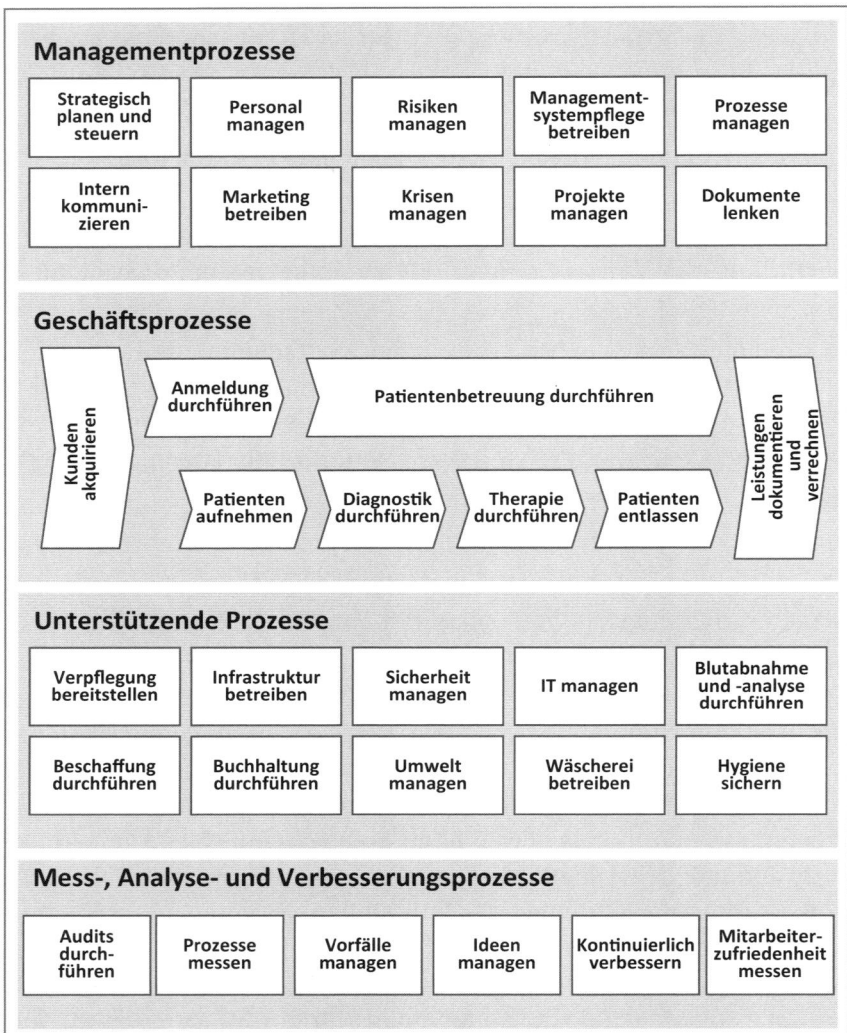

Bild 2.5 Muster einer Prozesslandkarte eines Krankenhauses

Das beschriebene Vorgehen zur Integration des Themas Risikomanagement wurde hierbei angewendet:

- Der neue Prozess „Risiken managen" kommt dazu und beschreibt die Methodik der Risikoidentifikation, -analyse und -bewertung.

- Die übrigen Prozesse dienen als Basis zur Ergänzung risikospezifischer Aspekte: Beispielsweise die Ergänzung des „Time-outs" im Bereich des Prozesses „Therapie durchführen" kann vor dem Start einer Operation nochmals sicherstellen, dass alles richtig gemacht wurde. Die Wirksamkeit der Integration wird dabei periodisch (meist halbjährlich oder jährlich) geprüft.

- Die Führung einer Organisation bestimmt, mit welchen übrigen Prozessen der Risikomanagementprozess in Wechselwirkung stehen soll. Anschließend sind die Wechselwirkungen zu beschreiben und Vereinbarungen zwischen den Prozessen zu treffen.
- Die stetige Überprüfung und Anpassung an eventuell neue Gegebenheiten gewährleistet den Kontinuierlichen Verbesserungsprozess.

 HINWEIS: Es hat sich bewährt, Prozessdokumentationen (oder wenn vorhanden ausgereifte Prozessmanagementsysteme) vor allem als Basis für den Aufbau von Internen Kontrollsystemen zu nutzen. Allgemeine Unternehmensrisiken, die nicht unbedingt durch interne, regelmäßig wiederkehrende Aktivitäten ausgelöst werden, sind organisatorisch leichter zu erfassen, wenn klare Organisationsstrukturen (wie z. B. ein Organigramm) vorhanden sind.

Der Weg der Integration von Steuerungssystemen stellt somit eine wichtige Grundlage zur aufwandsreduzierten Ergänzung eines Managementsystems dar. Auch wird dadurch das gesamte Thema der Steuerung einer Organisation gestärkt. Nur so ist es letztendlich möglich, den erforderlichen Stellenwert zu sichern und damit die Grundlage für die Wirksamkeit zu legen.

■ 2.2 Das Risikomanagementsystem

2.2.1 Elemente eines Risikomanagement- und Internen Kontrollsystems

Ein Risikomanagementsystem wird im Sinne der integrativen Managementsicht als Teil eines Unternehmensmanagementsystems bzw. -steuerungssystems gesehen. Die definierten Ziele eines Risikomanagementsystems sind:

- systematische Identifikation, Bewertung, Bewältigung, Überwachung und Steuerung von Risiken,

▪ Förderung des systematischen Denkens und Handelns zur Vermeidung von Unternehmenszielabweichungen.

Das Interne Kontrollsystem (IKS) ist als Teil des Risikomanagementsystems zu sehen. Eine interne Kontrolle ist eine Art, Risiken zu steuern, die durch interne Handlungen verursacht worden sind. Idealerweise sind Kontrollen als Aktivitäten in Prozessen oder in auf andere Weise dokumentierten Abläufen integriert und mit Entscheidungs- und Durchführungsverantwortung versehen. Das Interne Kontrollsystem ist also als systematische Maßnahmenplanung und Umsetzung von Steuerungsaktivitäten zur Bewältigung von durch interne Handlungen verursachten Risiken zu sehen.

Ein Risikomanagementsystem betrachtet alle Risiken, gut und schlecht einschätzbare, akzeptierte und gesteuerte, bekannte und nicht bekannte, extern verursachte oder internen Handlungen inhärente Risiken, die im täglichen Geschäft immer wieder entstehen können.

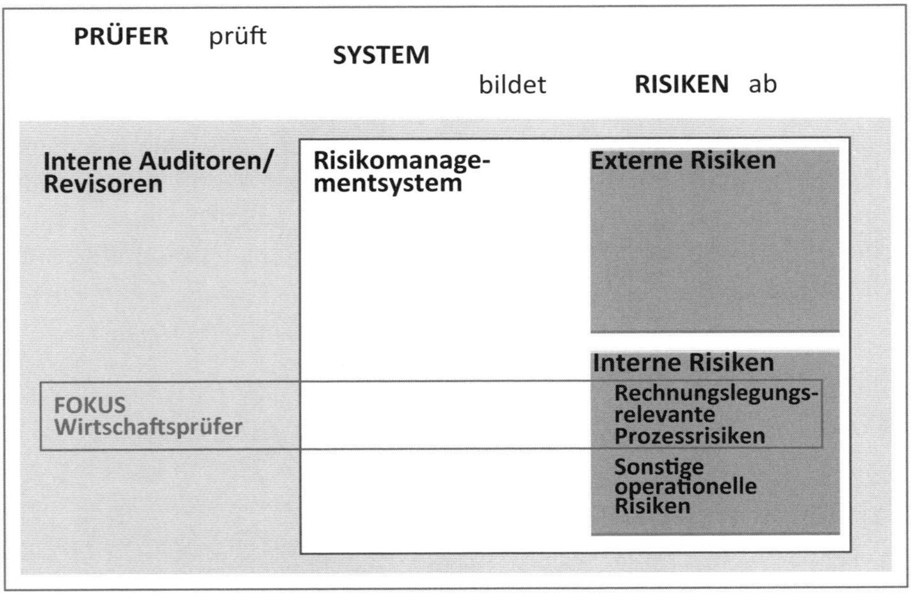

PRÜFER prüft	SYSTEM bildet	RISIKEN ab
Interne Auditoren/ Revisoren	**Risikomanage- mentsystem**	**Externe Risiken**
		Interne Risiken
FOKUS Wirtschaftsprüfer		**Rechnungslegungs- relevante Prozessrisiken**
		Sonstige operationelle Risiken

Bild 2.6 Inhalte des Risikomanagementsystems und Prüfungsfokus

Egal, nach welchen Kriterien, Vorstellungen oder unternehmensspezifischen Einflussfaktoren die Gruppierung der Risiken vorgenommen wird, der Mindestfokus eines systematisch organisierten Risikomanagement- und Internen Kontrollsystems wird immer auf jene Prozesse ausgerichtet sein, deren Handlungen die Vollständigkeit und Richtigkeit der Rechnungslegung und die Compliance sicherstellen und darüber hinaus die

Vermögenssicherung fördern bzw. positiv beeinflussen. Die staatlich beeideten Prüfungsorgane – nämlich die Abschlussprüfer – legen ihr Hauptaugenmerk auf die Prüfung dieser Prozesse. Sie prüfen in der Regel stichprobenartig, ob die Aktivitäten der Prozesse rechtskonform und richtig ausgeführt werden, ob die Dokumentation vollständig ist und die erhobenen Daten konsistent sind.

Der Gesetzgeber verlangt von den Abschlussprüfern für IKS- und risikomanagementpflichtige Unternehmen darüber hinaus die Existenzprüfung des Risikomanagement- und Internen Kontrollsystems. Insofern erweitert sich der Prüfungsfokus entsprechend. Jedoch ist derzeit noch immer fraglich, ob die Qualität und Sinnhaftigkeit des Systems als solches geprüft werden soll bzw. muss, da die Gesetzgebung hier in ihrer Formulierung der Vorschriften nicht eindeutig ist. Daher zeigt Bild 2.7 nur den klassischen Fokus der Wirtschaftsprüfung. Als unabhängige interne Prüfungsstellen sind der Prüfungsausschuss des Aufsichtsrats bzw. die interne Revision zu verstehen.

HINWEIS: Der Begriff „Kontrolle" bzw. „Kontrollsystem" ist in seiner deutschen Übersetzung ohne Frage schlecht gewählt. In Anlehnung an das amerikanische COSO-Modell stammt diese Wortfindung vom Ausdruck „Internal Control on Financial Reporting". Korrekt übersetzt sind Kontrollen, die in ihrer Ausgestaltung keineswegs immer einer Kontrolle im engeren Sinn des deutschen Wortes entsprechen, Steuerungselemente bzw. Maßnahmen. Es empfiehlt sich, dies im Zuge einer Implementierung auch so zu präsentieren, da das Wort Kontrolle in kreativen, motivierten Teams meist negativ ausgelegt wird.

2.2.2 Begriffe rund um das Thema Risikomanagement

In Tabelle 2.2 sind die wichtigsten Begriffe im Risikomanagement genannt. Die ausführlichen Begriffsdefinitionen sind im ISO Guide 73 (*Risk Management – Vocabulary*) aus 2009 enthalten. Risikomanagement wird in der ISO Guide 73 als Steuerung von möglichen positiven und negativen Abweichungen vom Erwartungswert gesehen. Chancenmanagement ist hier ein Teil des Business Development und wird nicht weiter fokussiert. Im Hinblick auf diese Definitionen der Tabelle 2.2 könnte eine negative Ursache-Wirkungs-Kette wie in Bild 2.6 dargestellt aussehen.

Tabelle 2.2 Die wichtigsten Begriffe im Risikomanagement

Gefahr	Bedrohung als Ursache für den Eintritt eines Risikos.
Chance	Positive Abweichung vom Erwartungswert. Eintritt der Potenzialsituation.
Fehler	Nichterfüllung einer Anforderung und damit Quelle einer Gefahr.
Risiko	Auswirkung von Unsicherheiten auf Ziele.
Potenzial	Positiv bewertete Möglichkeit als Ursache für den Eintritt einer Chance.
Unsicherheit	Gefahr der negativen oder positiven Abweichung. Auswirkung und Eintrittswahrscheinlichkeit der Abweichung ist einschätzbar.
Ungewissheit	Gefahr der negativen oder positiven Abweichung. Eintrittswahrscheinlichkeit ist völlig unbekannt.
Schaden	Negatives Maß oder negative Bewertung des Risikos.
Folgeschaden	Negative Auswirkung des primär ersichtlichen Schadens auf andere Sachverhalte.
Nutzen	Positives Maß oder positive Bewertung der genutzten Chance.
Risikomanagement	Aktive Steuerung der Gefahren im Unternehmen. Risikosteuerung im Sinne des IRMS-Modells.
Risikosteuerungsprozess	Abfolge von Aktivitäten im Sinne eines Kreislaufs der Identifikation, Bewertung, Bewältigung, Überwachung und Steuerung von Risiken. Systematische Abfolge von Aktivitäten mit klarer Durchführungs- und Entscheidungsverantwortung zur Vermeidung von Unternehmenszielabweichungen. Teil des Risikosteuerungssystems.
IKS	Unter einem Internen Kontrollsystem (IIA 2013) wird die Gesamtheit aller Grundsätze, Methoden und Maßnahmen verstanden, die den ordnungsgemäßen Ablauf sämtlicher im Unternehmen stattfindenden Transaktionen und Handlungen sicherstellen soll.
Compliance	Wort aus dem Englischen für Einhaltung, Befolgung bzw. Regelkonformität. Bezeichnet die unternehmensweite Einhaltung aller kundenbezogenen, gesetzlich-normativen und sich selbst auferlegten Regelungen/Vorschriften/Vereinbarungen.

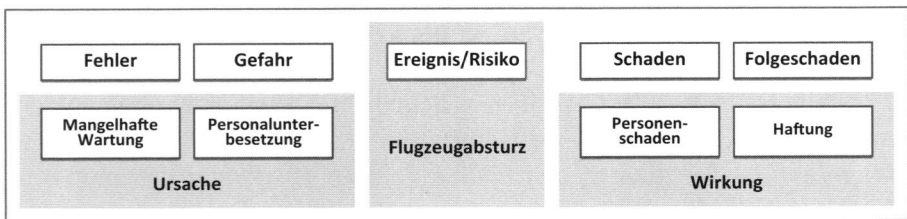

Bild 2.7 Ursache-Wirkungs-Kette

HINWEIS: Die klare Definition, was Ursache, Ereignis/Risiko und Wirkung sind, ist bei der weiteren Betrachtung und Behandlung des Risikos unerlässlich.

■ 2.3 Literatur

- Committee of Sponsoring Organizations of the Treadway Commission (COSO): *Internal Control – Integrated Framework*. New York 1992
- Institut für Interne Revision Österreich (IIA Austria): *Das Risikomanagement aus der Sicht der Internen Revision*. Wien 2013
- International Organization for Standardization (ISO): *ISO 31000:2009 Risikomanagement – Grundsätze und Richtlinien*. Genf 2009
- International Organization for Standardization (ISO): *ISO 9000:2005 Qualitätsmanagementsysteme – Grundlagen und Begriffe*. Genf 2005
- International Organization for Standardization (ISO): *ISO Guide 73:2009 Risk Management – Vocabulary*. Genf 2009
- Wagner, K. W.; Käfer, R.: *Prozessorientiertes Qualitätsmanagement. Leitfaden zur Umsetzung der ISO 9001*. Wien, München 2013
- Wagner, K. W.; Patzak, G.: *Performance Excellence. Der Praxisleitfaden zum effektiven Prozessmanagement*. Wien, München 2007
- Österreichisches Normungsinstitut (ON): *ONR 49000:2010 Risikomanagement für Organisationen und Systeme – Begriffe und Grundlagen*. Wien 2010

3 Grundlagen IRMS

Um die Vorgehensweise zur Implementierung eines integrativen Modells, das auch die schon bestehenden Systeme im Unternehmen nicht außer Acht lässt, besser verstehen zu können, wurden zuerst Ziele für ein solches integratives System definiert, die mithilfe der im Unternehmen bestehenden bzw. erweiterten Managementmethoden, -instrumente und -systeme umgesetzt werden sollen. Die wichtigsten anerkannten Aufbaumodelle, an die das Implementierungsmodell Anlehnung findet, werden skizziert.

Es existieren eine Reihe rechtlicher Bestimmungen, die für die Ausgestaltung und Implementierung eines Risikomanagement- und Internen Kontrollsystems wichtig sind. In diesem Kapitel soll näher darauf eingegangen werden, wie die gesetzlichen Bestimmungen sich auf die Art der Ausgestaltung der IRMS-Ziele und in Folge auf die Implementierung auswirken.

Eingangs werden deshalb die gesetzlichen Mindestanforderungen geklärt, dann die gängigen Umsetzungsmodelle erläutert, die dem IRMS-Modell zugrunde liegen, sowie schließlich etwaige Steuerungselemente, die für die Implementierung und die Lebbarkeit des Risikomanagementsystems notwendig sind, gezeigt.

3.1 Gesetzliche Bestimmungen

3.1.1 Abschlussprüfer- und Änderungsrichtlinie

Der EU-Gesetzgeber hat mit der Änderungsrichtlinie (EU-Richtlinie 2006/46/EG) und der Abschlussprüferrichtlinie (EU-Richtlinie 2006/43/ EG in Ergänzung durch die EU-Richtlinie 2008/30/EG) zahlreiche Vorschriften zum Thema Steuerung, Risiko und Normenkonformität (Compliance) erlassen. Diese betreffen vor allem

- die Forderung nach der Einrichtung eines Systems zur Steuerung der Risiken im Unternehmen,
- spezielle Offenlegungsvorschriften vor allem für große kapitalmarktorientierte Unternehmen hinsichtlich dieses Systems und
- die Anforderungen an die Prüfungsorgane, die diese Systeme zu prüfen haben.

Dabei finden spezielle Vorschriften für die Befolgung eines Unternehmensführungskodex und die Offenlegung von diversen Unternehmensführungspraktiken Erwähnung. Die Verwaltungs-, Leitungs- und Aufsichtsorgane sind dabei (meist kollektiv) verantwortlich für die Richtigkeit und Vollständigkeit der Angaben, die im Lagebericht zu veröffentlichen sind (vgl. dazu EU-Richtlinie 2006/46 EG, Artikel 46 a und 50 b/c). Der (konsolidierte) Lagebericht hat unter anderem auch die wesentlichen Merkmale eines Internen Kontrollsystems und Risikomanagementsystems zu beinhalten (vgl. dazu EU-Richtlinie 2006/46/EG, Artikel 36 Absatz 2).

3.1.2 Umsetzung der Richtlinie im deutschsprachigen Raum

In Deutschland finden diese EU-rechtlichen Vorgaben Umsetzung im Berufsaufsichtsreformgesetz (BARefG) und dem Bilanzrechtsmodernisierungsgesetz (BilMoG). In Österreich vor allem im Unternehmensrechtsänderungsgesetz (URÄG).

Zahlreiche Bestimmungen des Aktiengesetzes, des GmbH-Gesetzes und des Genossenschaftsgesetzes sind in Umsetzung der Richtlinien in beiden Ländern geändert bzw. ergänzt worden.

Erste gesetzliche Verankerungen im Hinblick auf Risikomanagement im Unternehmen wurden bereits Ende der 90er-Jahre in Deutschland durchgeführt. Das 1998 erschienene KonTraG änderte das Aktiengesetz von 1965 mit Geltung vor allem für alle börsennotierten Gesellschaften. Dabei wurden folgende, für das Thema Risikomanagement sowie den Aufbau von Risikomanagementsystemen relevanten Aspekte aufgenommen (Wolf/Runzheimer 2001):

- Artikel 1 „Änderung des Aktiengesetzes" Absatz 9 Ziffer c): „Der Vorstand hat geeignete Maßnahmen zu treffen, insbesondere ein Überwachungssystem einzurichten, damit den Fortbestand der Gesellschaft gefährdende Entwicklungen früh erkannt werden."

- Artikel 2 „Änderung des Handelsgesetzbuches" Absatz 3 und Absatz 5: „... dabei ist auch auf Risiken der künftigen Entwicklung einzugehen."
- Artikel 2 Absatz 6 Nummer (2) betreffend den Lagebericht und Konzernbericht: „Dabei ist auch zu prüfen, ob die Risiken der künftigen Entwicklung zutreffend dargestellt sind."
- Artikel 2 Absatz 6 Nummer (4) betreffend den Lagebericht und Konzernbericht: „... ob der Vorstand die ihm ... obliegenden Maßnahmen in einer geeigneten Form getroffen hat und ob das danach einzurichtende Überwachungssystem seine Aufgaben erfüllen kann."
- Artikel 2 Absatz 9 Nummer (4) betreffend den Prüfungsbericht: „Es ist darauf einzugehen, ob Maßnahmen erforderlich sind, um das interne Überwachungssystem zu verbessern."
- Artikel 2 Absatz 10 Nummer (2) und (3) betreffend den Bestätigungsvermerk: „Auf Risiken, die den Fortbestand des Unternehmens gefährden, ist gesondert einzugehen" bzw.: „Dabei ist auch darauf einzugehen, ob die Risiken der künftigen Entwicklung zutreffend dargestellt sind."

Des Weiteren definiert das BilMoG in Deutschland Offenlegungspflichten zur Corporate Governance im Rahmen der Finanzberichterstattung. Es hat eine Beschreibung der wesentlichen Merkmale des Internen Kontrollsystems und des Risikomanagementsystems im Hinblick auf den (Konzern-)Rechnungslegungsprozess im (Konzern-)Lagebericht zu erscheinen, außerdem eine Erklärung zur Unternehmensführung.

Laut dem deutschen Aktiengesetz § 7 Absatz 3 ist insbesondere ein Prüfungsausschuss aus der Mitte des Aufsichtsrats zu bestellen, dem die Überwachung des Rechnungslegungsprozesses, der Wirksamkeit des Internen Kontrollsystems, des Risikomanagementsystems und des internen Revisionssystems sowie der Abschlussprüfung obliegt.

In Österreich schreiben das Aktiengesetz, das GmbH-Gesetz und das Genossenschaftsgesetz vor, dass der Vorstand bzw. die Geschäftsführung dafür zu sorgen hat, dass ein Internes Kontrollsystem geführt wird, das den Anforderungen des Unternehmens entspricht (vgl. dazu § 82 AktG, § 22 GmbH-G und § 22 GenG).

Es gibt in beiden Ländern keine Vorgaben des Gesetzgebers hinsichtlich der Ausgestaltungsform oder Organisation eines solchen Systems. Es gibt außerdem keine Definition dessen, was angemessen ist bzw. „den Anforderungen des Unternehmens entspricht".

Die Gesetzgebung beider Länder regelt jedoch für Unternehmen im öffentlichen Interesse, welches Organ dieses Interne Kontrollsystem zu prüfen hat. Für diese sogenannten Gesellschaften im öffentlichen Interesse ist ein Prüfungsausschuss im Aufsichtsrat zu bilden. Dieser hat die Wirksamkeit des Internen Kontrollsystems und gegebenenfalls des Risikomanagementsystems zu prüfen. Dem Prüfungsausschuss muss zumindest ein Finanzexperte angehören. Diese Person muss über Kenntnisse und praktische Erfahrung im Finanz- und Rechnungswesen sowie in der Berichterstattung verfügen.

Gesellschaften im öffentlichen Interesse haben zumindest eines der beiden folgenden Merkmale:

- Sie sind „kapitalmarktorientiert": Das sind Unternehmen, deren Aktien zum Handel auf einem geregelten Markt im Sinn des § 1 Absatz 2 BörseG zugelassen sind. Nach deutschem Recht besteht die Kapitalmarktorientierung eines Unternehmens darin, einen organisierten Markt im Sinne des § 2 Absatz 5 WpHG durch von ihm ausgegebene Wertpapiere in Anspruch zu nehmen oder die Zulassung solcher Wertpapiere zum Handel an einem organisierten Markt beantragt zu haben.

- Sie sind „große Kapitalgesellschaften": Das sind Unternehmen, die zwei von drei der im § 221 Absatz 2 UGB (Österreich) und im § 267 HGB (Deutschland) geregelten folgenden Größenmerkmale überschreiten:

  - Die Bilanzsumme ist größer als 19,25 Millionen Euro.

  - Die Umsatzerlöse sind größer als 38,5 Millionen Euro.

  - Die durchschnittliche Anzahl von Arbeitnehmern beträgt mehr als 250.

Kapitalmarktorientierte Kapitalgesellschaften haben in Deutschland und Österreich die wesentlichen Merkmale des Internen Kontroll- und Risikomanagementsystems im Hinblick auf die Rechnungslegung bzw. den Rechnungslegungsprozess im Lagebericht zu beschreiben. Der zu installierende Prüfungsausschuss hat des Weiteren den Rechnungslegungsprozess und die Abschlussprüfung zu überwachen. Außerdem muss für kapitalmarktorientierte Unternehmen ein Corporate-Governance-Bericht erstellt werden. Die Regel Nummer 70 des österreichischen Corporate Governance Kodex (Österreichischer Arbeitskreis für Corporate Governance 2010) besagt, dass im Konzernlagebericht die wesentlichen eingesetzten Risikomanagementinstrumente in Bezug auf nicht finanzielle Risiken zu beschreiben sind. Dies ist zwar „nur" eine sogenannte Comply-or-Explain-Regelung, verpflichtet jedoch als solche die Unternehmung zumindest zur Veröffentlichung einer Erklärung, warum die Regel nicht eingehalten wurde, sofern dies so ist.

Eine Gestaltungsbindung oder zumindest einen Vorschlag, wie ein Risikomanagementsystem auszusehen hat, sowie Mindestanforderungen oder Vorschriften zu diversen Begriffsdefinitionen findet man in den aktuellen Gesetzen nicht. In den Protokollen zum Gesetzesentwurf für das Unternehmensrechtsänderungsgesetz in Österreich findet einmal das amerikanische COSO-Modell Erwähnung, auf das noch näher eingegangen werden soll. Hier wird außerdem explizit erwähnt, dass das Interne Kontrollsystem als Bestandteil des Risikomanagementsystems gesehen werden soll (Nowotny 2012).

Die Änderungen des Aktiengesetzes und die Nennung von lediglich Überschriften bewirken zwar eine Detaillierung und Verbesserung der Prüfung des Risikomanagements von Aktiengesellschaften, die Lücke zur Erwartungshaltung der Öffentlichkeit nach adäquaten Überwachungssystemen bleibt aber immer noch bestehen (Wolf/Runzheimer 2001). Da auch im KonTraG neben der Nennung von Überschriften wie Überwachungssystem oder Risiken zukünftiger Entwicklungen keinerlei Details zur Ausgestaltung des Risikomanagementsystems oder des Internen Kontrollsystems eines Unternehmens gegeben werden, obliegt dies weiter den agierenden Personen.

Der Vollständigkeit wegen soll auch die Schweiz Erwähnung finden. Die EU-Vorgaben finden keine Anwendung. Der Schweizer Gesetzgeber definiert keinerlei Anforderungen bezüglich des Internen Kontrollsystems. Vorgaben zur ordnungsgemäßen Rechnungslegung und Einrichtung einer etwaigen Revision lassen auch hier den Schluss zu, dass ein nachvollziehbares und prüfbares Risikomanagement- und Kontrollsystem eingeführt sein muss, um die Bestimmungen erfüllen zu können.

■ 3.2 Basis des Modells

Aus der aktuellen Gesetzeslage lässt sich für die Gestaltung solcher Systeme wie folgt zusammenfassen:

- Hat der Prüfungsausschuss ein System dieser Art zu prüfen, so impliziert dies die Existenz eines Prüfungsgegenstands – nämlich eines formell eingeführten und nachvollziehbaren Internen Kontrollsystems, gegen das die Wirksamkeit geprüft werden kann.

- Sollen die wichtigsten Merkmale des Internen Kontroll- und Risikomanagementsystems im Hinblick auf den Rechnungslegungsprozess dargestellt werden, so muss ein Rechnungslegungsprozess eindeutig nachvollziehbar – also definiert und abgebildet – sein.

- Wesentliche, die Vermögens- und Finanzlage des Unternehmens betreffende (operationale) Prozesse, die die Vollständigkeit und Richtigkeit der Rechnungslegung beeinflussen und den Rechnungslegungsprozess und die Abschlussprüfung überwachbar machen, müssen ebenfalls nachvollziehbar gestaltet sein (Nowotny 2012).

- Sollen im Konzernlagebericht die wesentlichen Risikomanagementinstrumente im Hinblick auf die nicht finanziellen Risiken beschrieben werden, so setzt dies eine Systematik der Erfassung der Risiken und eine wie auch immer gestaltete Nachvollziehbarkeit des Umgangs mit denselben voraus.

Daraus lässt sich für solche Systeme ableiten, dass im Idealfall die in Bild 3.1 dargestellten vier Ziele erreicht sein sollten.

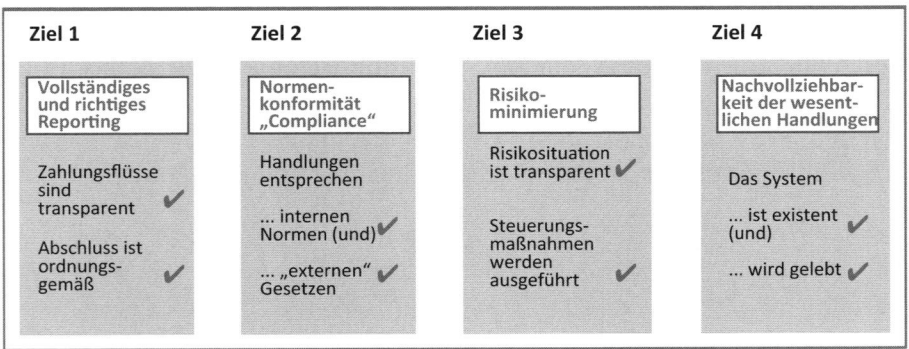

Bild 3.1 IRMS-Ziele Überblick Systemanforderungen und Systemziele

Das Ziel 4 verdient dabei besondere Aufmerksamkeit, da die Erfüllung der Zielkriterien Voraussetzung für die Erfüllung der Ziele 1 bis 3 ist. Die eindeutige Belegerfassung und die Nachvollziehbarkeit des Belegflusses stellen sicher, dass die Berichterstattung ordnungsgemäß ist bzw. Abweichungen sich zurückverfolgen lassen. Interne Handlungsanweisungen, Ablaufbeschreibungen und Arbeitsvorschriften stellen, sofern sie aktuell und bekannt sind, den ersten Schritt hin zu überprüfbaren und sicheren Prozessen dar. Klar formulierte Regeln im Umgang mit Risiken und eindeutige Zuordnungen von Durchführungs- und Entscheidungsverantwortungen minimieren Risiken bzw. das mögliche Schadensausmaß in vielen Fällen direkt und wirken wie präventive Risikovermeidung. Ein den Unternehmensspezifika angepasstes Maß an Transparenz ist also die Basis für ein effektives Risikomanagementsystem.

Als Basismodelle für die Implementierung solcher Systeme gibt es über die Ableitung von logischen Mindestanforderungen an ein System aus den gesetzlichen Rahmenbedingungen hinaus unzählige Normen, Aufbau- und Prüfmodelle. Die meisten betrachten allerdings nicht alle Teilaspekte eines gesamtheitlichen bzw. integrativen Risikomanagementsystems.

Die Modellgrundlagen für die Implementierung eines Integrativen Risikomanagementsystems, wie im Folgekapitel beschrieben, beruhen vor allem auf zwei Rahmenmodellen, dem *Enterprise Risk Management – Integrated Framework* des Committee of Sponsoring Organizations of the Treadway Commission (kurz COSO) und der internationalen Norm ISO 31000. Andere anerkannte Praktiken aus der internen Revision, dem Projekt- und Prozessmanagement finden außerdem Anwendung in dem vorliegenden Modell zur Einführung des IRMS.

3.2.1 Rahmenwerke COSO I und COSO II

Das sogenannte Treadway-Komitee ist eine privatrechtlich organisierte Initiative der sechs führenden amerikanischen Verbände, Vereine bzw. Institute im Wirtschaftsprüfungsbereich. Benannt ist das Komitee nach seinem ersten Vorsitzenden und ehemaligen Börsenaufsichtskommissar James C. Treadway. Die Unterstützer des Komitees zeichnen verantwortlich für die Entwicklung der COSO-Rahmenwerke.

Das in *Internal Control – Integrated Framework* (COSO 1992) beschriebene Rahmenwerk (folgend genannt COSO I) aus dem Jahr 1992 ist ein von der amerikanischen Börsenaufsicht SEC (Securities und Exchange Commission) anerkannter Standard, der den Aufbau von Internen Kontrollsystemen beschreibt.

Ein systematisch aufgebautes und gelebtes Internes Kontrollsystem soll die Qualität der Finanzberichterstattung verbessern. Der Fokus liegt hierbei auf allen Handlungen im Unternehmen, die Daten zur Finanzberichterstattung in ihrer Vollständigkeit und Richtigkeit beeinflussen. Diese allumfassende Betrachtungsweise impliziert, dass Prozesse für alle Tätigkeiten im Unternehmen, die den Zahlungs- und Belegfluss betreffen, mit internen Kontrollen versehen werden. Diese sollen sicherstellen, dass alle Aktivitäten innerhalb der Prozesse rechtskonform sind und im Sinne der Vorgaben richtig ausgeführt werden. Dies entspricht der gängigen Praxis, wie die interne Revision bzw. der Abschlussprüfer das Interne Kontrollsystem nutzt bzw. prüft. Abbildung finden diese geprüften Prozesse idealerweise in einem dokumentierten Prozessmanagementsystem.

 TIPP: Es ist nicht ratsam, die Systematisierung und Dokumentation des Risikomanagement- bzw. Internen Kontrollsystems überzudimensionieren. Hier ist Fingerspitzengefühl gefragt! In Kapitel 5 werden wir Tipps geben, wie Sie Ihr System bestmöglich an die Umstände und Anforderungen Ihres Unternehmens anpassen können, sodass Sie die Eigenheiten Ihres Unternehmens bestens nutzen können und das Gesamtsystem eine lebbare und effiziente Dimension erhält.

Die Anforderungen des COSO I gehen noch weiter. Interne Kontrollen dienen nach diesem Rahmenwerk der Erreichung mehrerer Ziele, die in drei Zielkategorien einzuordnen sind:

- Sicherung der Funktionsfähigkeit, Glaubwürdigkeit, Seriosität, Vertrauenswürdigkeit und Zuverlässigkeit der Finanzberichterstattung (sowohl während des Jahres als auch am Jahresende).
- Sicherung der Rechtskonformität aller Handlungen, Angelegenheiten und Aktivitäten
    - innerhalb des Unternehmens – internen Regeln entsprechend,
    - im Namen des Unternehmens an Dritte gerichtet – den staatlichen und überstaatlichen Normen entsprechend.

- Ergebniszielsicherung im Sinne der
  - Förderung der Effizienz (Kostenziel),
  - Vermögenssicherung (Nutzenziel).

Um die Erreichung dieser Ziele sicherstellen zu können, ist die Nutzung von unterschiedlichen Steuerungsinstrumenten und unternehmerischen Organisationhilfen notwendig, die miteinander verknüpft ein gut nutzbares integratives Ganzes ergeben.

Erweiterung findet das Rahmenwerk COSO I in *Enterprise Risk Management – Integrated Framework* (COSO 2004) (folgend genannt COSO II). Die Fokussierung liegt hier nicht nur auf den Risiken, die die Vollständigkeit und Richtigkeit der Rechnungslegung gefährden könnten. Dieses Rahmenwerk aus dem Jahr 2004 betrachtet das gesamte Spektrum aller Unternehmensrisiken und kann als Erweiterung des ersten Leitfadens gesehen werden. COSO II erweitert das Modell außerdem um eine Zielkategorie: Strategische Ziele werden in Bezug auf übergeordnete (Mission, Vision, ethische Ausrichtung etc.) und untergeordnete Ziele (operative Ziele) gesehen.

Auf Basis der definierten IRMS-Ziele sollen die vorgestellten Modellziele noch eine Erweiterung im Hinblick auf die übergeordnete Ergebniszielsicherung laut COSO I erfahren und soll die strategische Komponente laut COSO II miteinbezogen werden, um dem Anspruch des integrativen Managements über alle Ebenen hinweg gerecht zu werden. Demnach ist bei der Zielerreichung der vier definierten IRMS-Ziele jeweils darauf zu achten, dass

- die Effizienz gefördert wird (Kostenziel),
- das Vermögen gesichert wird (Nutzen-/Ertragsziel),
- der strategischen Ausrichtung des Unternehmens entsprochen wird (Bild 3.2).

Die sogenannten Komponenten des Gesamtsystems beschreiben in den COSO-Regelwerken, in welchen Bereichen für die Erstellung und Nutzung eines Risikomanagementsystems Aktionen zu setzen sind. Man kann sie als Steuerungselemente zur Zielerreichung sehen (Bild 3.3).

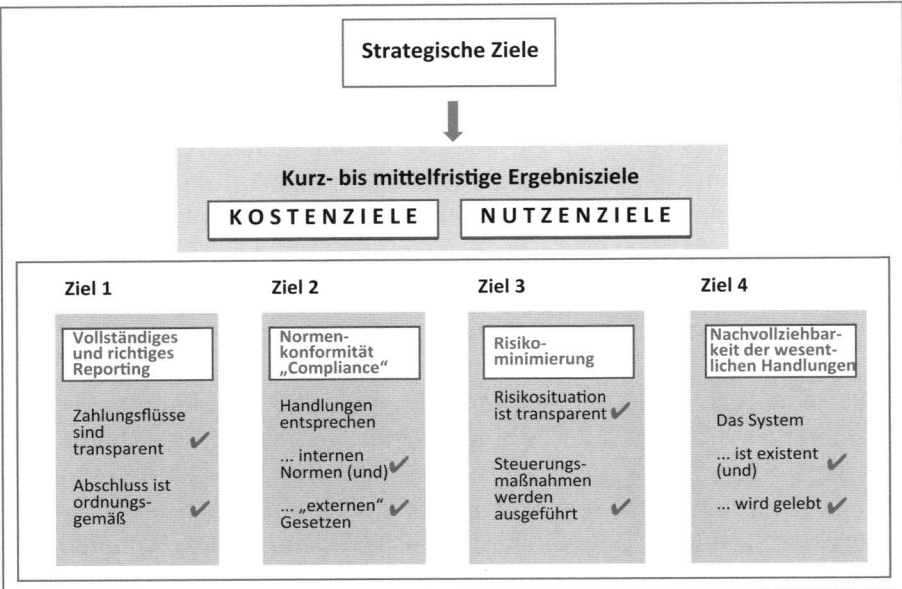

Bild 3.2 IRMS-Ziele inklusive übergeordneter Ergebniszielsicherung

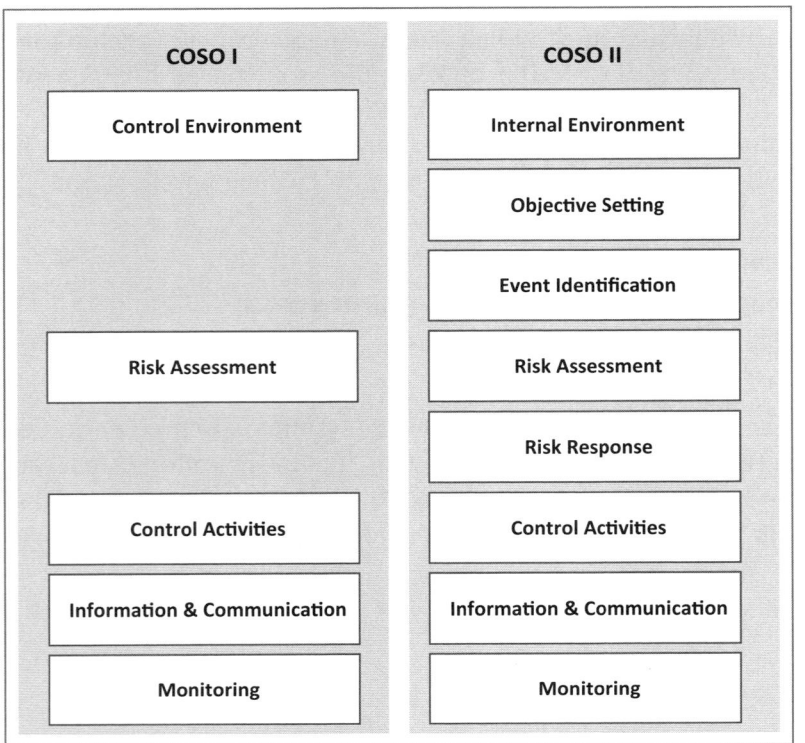

Bild 3.3 Steuerungselemente (Komponenten) in COSO I und II im Überblick

Kontrollumfeld oder internes Umfeld:

Das sogenannte Kontrollumfeld (laut COSO I) bzw. interne Umfeld (laut COSO II) umfasst im weitesten Sinne alle die Handlungen der Mitarbeiter beeinflussenden Managementaktionen: Führungs- und Motivationsverhalten, Grad der geforderten Formalismen, Klarheit und Struktur der erarbeiteten und kommunizierten Organisationsstrukturen, vorgelebte Kommunikations-, Umsetzungskultur und -regeln. Das Kontrollumfeld bietet in diesem Modell sozusagen den Rahmen, in dem alle Aktivitäten stattfinden, die risikobehaftet sein können. Im IRMS-Modell beschränkt die Qualität der (Aus-)Gestaltung dieses (im Unternehmen bestehenden) Umfelds das Risikomanagementsystem im Sinne der Planbarkeit, Sinnhaftigkeit, Nützlichkeit und Nachvollziehbarkeit selbst. Es ist also die Basis für die Qualität der durchgeführten Kontrollen und anderer gesetzter Risikomanagementaktivitäten.

Risikoanalyse (Risikoassessment):

Im COSO I fokussiert die Risikoanalyse auf die Risiken der Finanzberichterstattung und das Risiko doloser (arglistiger, trügerischer) Handlungen im Unternehmen. Das COSO-II-Rahmenwerk definiert die strategischen und operativen Zielsetzungen sowie die Ziele der Finanzberichterstattung und untersucht die Risiken, die diesen Zielsetzungen entgegenstehen können. Systematisch behandelt das Rahmenwerk COSO II deshalb diese Komponente „Risk Assessment" genauer und unterteilt sie in Zielsetzung, Risikoidentifikation, Risikobewertung und Risikosteuerung. Dies ist im Grunde der Ablauf, an den sich die Vorgehensweise im Implementierungsmodell IRMS anlehnt.

Kontroll- bzw. Steuerungsaktivitäten:

Das sogenannte „Internal Control System" wurde ins Deutsche als „Internes Kontrollsystem" übersetzt. Es handelt sich jedoch eher um ein Steuerungssystem mit dem Ziel, identifizierte Risiken, die durch Aktivitäten im Unternehmen hervorgerufen werden, durch systematisch gesetzte Maßnahmen zur Risikoeingrenzung bzw. -vermeidung zu steuern. Unter den Steuerungselementen sind typischerweise Kontrollen im Sinne von tatsächlichen Überprüfungen (Tätigkeitskontrollen, physische Kontrollen etc.) zu finden, jedoch überwiegen in einem lebbaren System eher Steuerungselemente wie Regelungen der Arbeitsabläufe und organisatorische Vorkehrungen wie das Vier-Augen-Prinzip oder z. B. die Protokollierung von Abweichungsprüfungen jeder Art. Dies entspricht den Erklärungen im Rahmenwerk COSO I.

Information und Kommunikation:

Informationssysteme, die effizientes operatives Handeln zur Umsetzung der strategischen und operativen Ziele unterstützen sollen, müssen auch nach diesen Zielen ausgerichtet sein. Ebenso müssen sich Planung, Design, Umsetzung und Nutzung der IT-Systeme nach übergeordneten strategischen Gesichtspunkten richten können, nicht umgekehrt. Abgesehen davon, dass IT-Sicherheit, also Wartungs- und Ausfallsicherheit der Systeme, gewährleistet sein muss, ist sicherzustellen, dass die Daten

- anforderungsadäquat,
- zeitgerecht,
- aktuell,
- richtig/konsistent und
- abrufbarverfügbar sind.

COSO I und COSO II lehnen sich an allgemeine Organisationsentwicklungs- bzw. Managementgrundsätze an, wenn es um die Kommunikation geht. Bei Einführung von internen Verhaltensregeln und Vorsätzen, der Veröffentlichung von Daten an Eigentümer und Mitarbeiter bzw. an sonstige Stakeholder (Personen oder Gruppen mit einer berechtigten Erwartungshaltung an das Unternehmen z. B. Kunden, Eigentümer, Lieferanten, Mitarbeiter, Gesellschaft) ist darauf zu achten, dass die Information tatsächlich adressatenadäquat in Bezug auf inhaltliche Verständlichkeit, Tiefe der Ausführungen sowie etwaige grafische Aufbereitung abrufbar ist. Eventuell sind Trainings zur Erklärung der Inhalte notwendig. Dies gilt vor allem für Rollenverantwortungen und risikobehaftete Abläufe, also unternehmensinterne Informationen. Adäquate Kommunikationskanäle müssen vorhanden sein und funktionieren. Inhalte müssen für den potenziellen Adressaten abrufbar sein. Er muss wissen, wann und wo Informationen, die zur Ausübung seiner risikobehafteten Aktivität notwendig sind, zur Verfügung stehen (vgl. dazu Ziel 4 des IRMS-Modells).

Überwachung (Monitoring):

COSO I und II unterscheiden zwischen

- regelmäßigem Monitoring als immer wieder im Alltag wahrzunehmende Managementaufgabe und
- interner und externer Revision in regelmäßigen Abständen entsprechend definierten Aktions- bzw. Revisionsplänen.

Das Management hat dabei Sorge zu tragen, dass Berichtslinien klar definiert und den handelnden Personen bekannt sind und Berichtsvorlagen verfügbar sind, die definierten Berichtsanforderungen entsprechen.

3.2.2 Norm ISO 31000

Als bisher einzige internationale Norm in Bezug auf Risikomanagement wurde im Jahr 2009 die *ISO 31000:2009 Risikomanagement – Grundsätze und Richtlinien* veröffentlicht. Der Ursprung der Norm wird einerseits im australisch/neuseeländischen Standard *AS/NZS 4360:2004 Risk Management* und andererseits in der österreichischen Normregel *ONR 4900x Risikomanagement für Organisationen und Systeme* gesehen. Diese Vorläufer auf nationaler Ebene stellen damit die Grundlagen der ISO 31000 dar. Die ONR-49000er-Reihe wird parallel dazu im deutschsprachigen Raum als Detaillierung und Praxisanleitung genutzt, wobei die Inhalte der ISO 31000 vollständig darin enthalten sind.

Die ISO 31000 versteht sich als übergeordnetes Regelwerk und ist daher auf keinen spezifischen Wirtschaftszweig oder Sektor ausgerichtet.

Die Zielsetzung dieser Norm ist es, einen international einheitlichen Standard für operationales Risikomanagement zu schaffen. Dies soll vor allem bei der Neu- bzw. Weiterentwicklung von anderen Normen sicherstellen, dass auf eine grundlegende Struktur betreffend Risikomanagement in der ISO 31000 zurückgegriffen werden kann. Die ISO 31000 kann nicht zur Zertifizierung eines Risikomanagementsystems herangezogen werden, da sie keine direkten Forderungen definiert, sondern vor allem Grundsätze und generische Vorgehensmodelle in der Norm beinhaltet. Bei Zertifizierungen von Managementsystemen wird grundsätzlich geprüft, ob die Anforderungen der relevanten Normen, wie beispielsweise Qualitätsmanagement nach ISO 9001, im Unternehmen umgesetzt sind. Eine unabhängige externe Zertifizierungsgesellschaft bestätigt dann via Zertifikat die entsprechende Umsetzung.

Die Norm teilt sich grundsätzlich in die folgenden drei praxisrelevanten Abschnitte auf:

- Grundsätze des Risikomanagements,
- Rahmen des Risikomanagementsystems,
- Risikomanagementprozess.

Im Kapitel „Grundsätze" des Abschnitts 3 der ISO 31000 werden Anregungen gegeben, wie die grundsätzliche Ausrichtung des Risikomanagements in einem Unternehmen definiert sein soll. Es wird erklärt, was

Risikomanagement ist, was es sein soll, wozu es dienen soll, wie es ausgestaltet sein soll und vieles mehr. Die anderen Kapitel der Norm sind
Geltungsbereiche, Begriffsdefinitionen, Anhänge etc., die keine direkte
Relevanz für das IRMS haben. In der Norm wird dies wie in Bild 3.4 dargestellt erklärt.

Risikomanagement ...

A ... schafft Werte
B ... ist Bestandteil der Organisationsprozesse
C ... ist Teil der Entscheidungsfindung
D ... befasst sich ausdrücklich mit der Unsicherheit
E ... ist systematisch, strukturiert und zeitgerecht
F ... stützt sich auf die besten verfügbaren Informationen
G ... ist maßgeschneidert
H ... berücksichtigt Human- und Kulturfaktoren
I ... ist transparent und grenzt nicht aus
J ... ist dynamisch, interaktiv und reagiert auf Veränderungen
K ... erleichtert die kontinuierliche Verbesserung der Organisation

---

Bild 3.4 Grundsätze des Risikomanagements im Sinne der ISO 31000:2009

Der Rahmen des Risikomanagements erklärt im Abschnitt 4 nach der
Logik des Deming-Modells – das den sogenannten PDCA-Zyklus beschreibt
(Bild 3.5) –, wie die einzelnen Schritte zur Durchführung aktiver Risiko-
steuerung in vier Hauptgruppen unterteilt werden können.

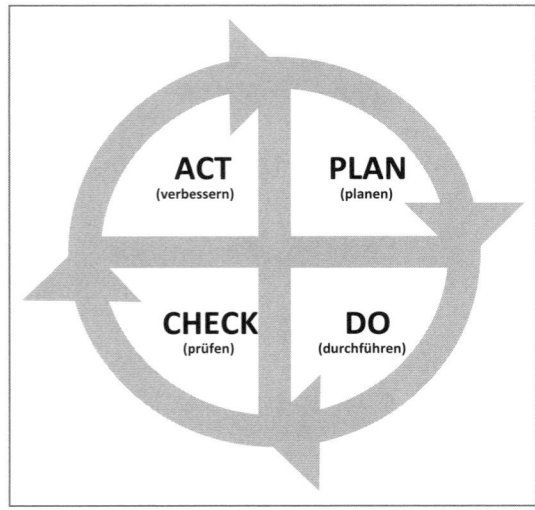

Bild 3.5 Deming-Kreislauf PDCA

Die Aktivitäten(gruppen) im PDCA-Kreislauf folgen den Vorgaben des Managements („Mandat und Verpflichtung"). Das Management hat das Mandat und die Verpflichtung, zu definieren, was mit Risikomanagement erreicht werden soll, wie dies erreicht werden soll, wie die Umsetzung geprüft werden soll und wie das System kontinuierlich verbessert werden kann. Darüber hinaus verantwortet es die Umsetzung seiner Zielerreichung.

Auf Basis dieser Grundanforderungen des Managements wird also der sogenannte Rahmen des Risikomanagements festgelegt (Bild 3.6). In der ersten Phase wird die Risikopolitik definiert und an die Stakeholder (intern und extern) ausgerichtet. Zudem ist es notwendig, organisatorische Rahmenbedingungen zu gestalten. Verantwortlichkeiten im Bereich Risikomanagement und der gewollte Integrationsgrad in bestehende Unternehmensabläufe und -systeme sowie die Berichterstattung müssen geplant werden („Gestaltung des Rahmens für die Behandlung von Risiken").

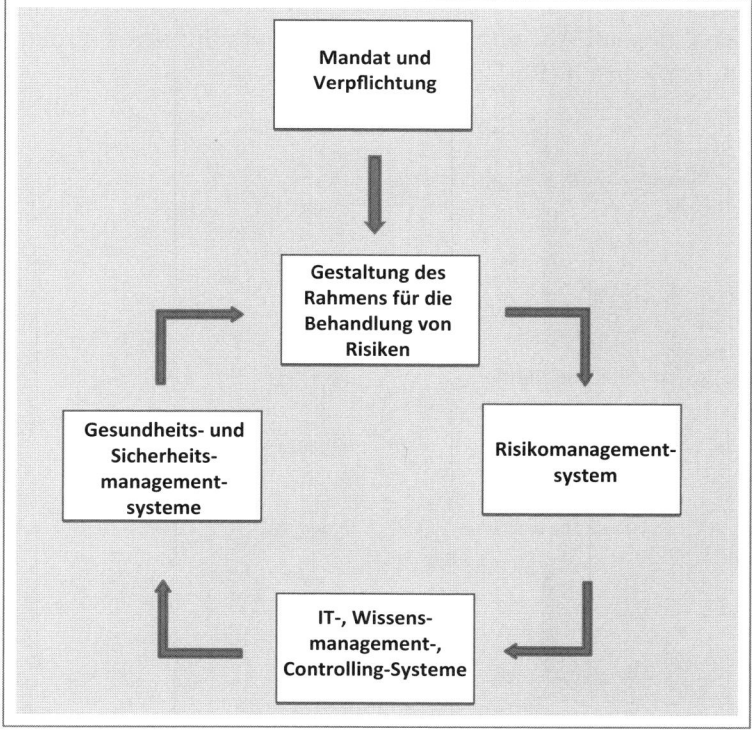

Bild 3.6 „Rahmen" im Risikomanagement nach ISO 31000:2009 – Aktivitäten

Die Umsetzung der gestellten Grundanforderungen des Managements erfolgt mittels des Risikomanagementprozesses und stellt somit die zweite Phase dar. Die wiederkehrenden Prozessschritte geben eine Handlungsanleitung für die operative Umsetzung der Steuerung von Risiken und sind im Abschnitt 5 der ISO 31000 ausgeführt.

Im Sinne des Regelkreises erfolgen nun die Auswertung und Analyse der Ergebnisse („Überwachung und Überprüfung des Rahmens") wie auch die Überprüfung der Angemessenheit an die aktuelle bzw. zukünftige Ausrichtung des Unternehmens.

Im Zuge der kontinuierlichen Verbesserung werden die Ergebnisse bewertet, und auf Basis dessen wird eine etwaige Entscheidung zur Optimierung des Risikomanagementsystems getroffen. Als klassisches Werkzeug aus dem Qualitätsmanagement wird hierbei auch im Risikomanagement das periodische Managementreview herangezogen. Es dient zur Bewertung der Wirksamkeit des Managementsystems und baut auf allen in der zurückliegenden Periode generierten Ergebnissen auf.

Der Abschnitt 5 behandelt die formelle Ausgestaltung des Risikomanagementprozesses, dessen Aktivitäten bei der Umsetzung des Rahmenmodells ausgeführt werden (Bild 3.7).

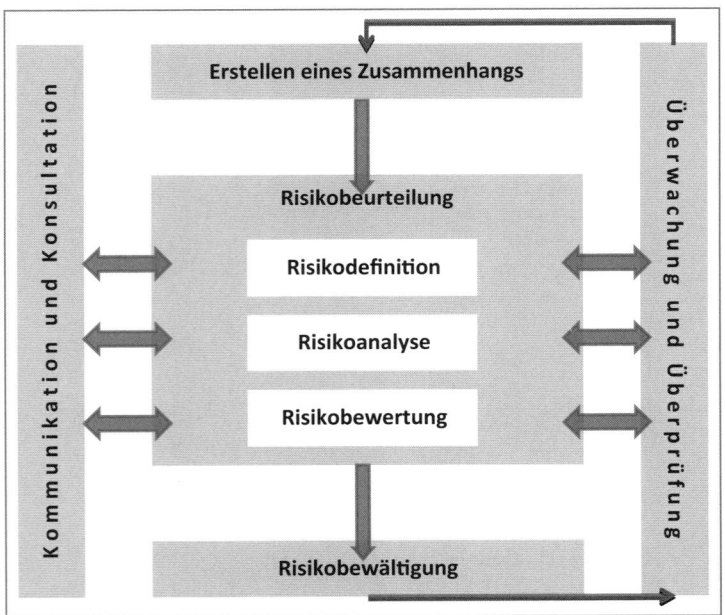

Bild 3.7 Generischer Risikomanagementprozess nach ISO 31000:2009 Abschnitt 5

Folgende Prozessschritte/Aktivitäten stehen hierbei im Fokus:

- *Erstellen des Zusammenhangs*
  - Externe (Markt, Mitbewerb, politisches Umfeld etc.) und interne Faktoren (Wechselbeziehungen und -wirkungen innerhalb der Organisation) im Zusammenhang mit dem PDCA-Kreislauf sollen definiert werden.
  - Definition von Risikokriterien.
- *Risikobeurteilung*
  - Die Risikobeurteilung fasst alle Schritte zur Behandlung von Risiken zusammen.
  - Risikoidentifikation (externe sowie interne Risiken werden erhoben).
  - Risikoanalyse (Ursache-Wirkungs-Analyse; Ermittlung der Risikohöhe, die sich aus einer Kombination von Auswirkung und Wahrscheinlichkeit des Risikoeintritts ergibt).
  - Risikobewertung (mit dem Ziel der Fokussierung auf die wesentlichen Gefahren).
- *Risikobewältigung*

Zur Steuerung der als prioritär bewerteten Risiken werden Maßnahmen definiert. Dabei erfolgt eine Kosten-Nutzen-Abschätzung, um die Zweckmäßigkeit der Maßnahmen zu beurteilen.

Parallel zu diesen Prozessschritten erfolgen die Kommunikation wie auch die regelmäßige Überwachung der Ergebnisse und die Überprüfung der Erkenntnisse der einzelnen Schritte. Der Schwerpunkt liegt hierbei auf der Sicherstellung der Wirksamkeit und Effizienz der Maßnahmen zur Risikobewältigung, um die weitere Entwicklung der Risiken zu überwachen.

Die generische Vorgehensweise der ISO 31000 wie auch der damit verbundenen ONR-49000er-Reihe wurde innerhalb des IRMS-Modells vor allem im Schritt 1 berücksichtigt. Wesentlich hierbei ist es, die Verbindung des Managementsystems und des Prozesses herzustellen. Der Fokus auf die kontinuierliche Evaluierung und Verbesserung des Gesamtsystems liegt im Bereich des Risiko-Monitorings, auf das in Schritt 6 genauer eingegangen wird. Der Abschnitt „Rahmen des Risikomanagementsystems" findet vor allem im Schritt 2 des IRMS-Modells Anwendung. Die Basis für die Entwicklung eines generischen Risikosteuerungsprozesses für das IRMS-Modell bildet der Abschnitt 3 der ISO-Norm.

Das Thema IKS wird in der Norm ISO 31000 ganz ausgespart. Sie betrachtet Risikomanagement als systematische Auflistung von Risiken, die gruppiert und dann entsprechend gesteuert werden. Auf Prozessrisiken, deren Erfassung und den Umgang damit wird nicht näher eingegangen. Die Rechnungslegung als wesentlicher Prozess im IKS wird nicht betrachtet.

Unterschiedliche nationale Normregeln bilden darüber hinaus mehr oder weniger ähnliche Inhalte wie die ISO-Norm 31000 ab (z. B. ONR 49000).

Neben den Regelwerken, die direkt das Thema Risikomanagement behandeln, ergeben sich durch verschiedene andere Normen indirekt Anforderungen zum Thema, die daher bei dem „Schritt-für-Schritt-Modell" zur Implementierung eines integrativen Steuerungssystems berücksichtigt werden. Folgende Regelwerke stellen eine Auswahl der bekanntesten und am weitesten verbreiteten dar, die als Basis für die Entwicklung unterschiedlicher Themenbereiche des Modells gedient haben.

Qualitätsmanagement

Die *ISO 9001 Qualitätsmanagementsysteme – Anforderungen* ist die als grundlegend anzusehende Norm für Managementsysteme in Organisationen. In der Norm wird der Begriff des Risikomanagements nicht als explizite Forderung erwähnt, jedoch ist es als Aufgabe der Organisation definiert, bei der Analyse ihres Umfelds etwaige Risiken zu berücksichtigen. Die Norm fordert explizit ein dokumentiertes Verfahren, also einen zwingend zu beschreibenden Ablauf zum Thema Vorbeugungsmaßnahmen. Vorbeugungsmaßnahmen sind laut *ISO 9000 Qualitätsmanagementsysteme – Grundlagen und Begriffe* Maßnahmen, um Ursachen von möglichen Fehlern zu beseitigen. Dies ist ein zentrales Anliegen der Risikosteuerung, egal, auf welchem Regelwerk – national sowie international – basierend. Häufig werden hierbei auch Methoden aus dem Risikomanagement angewendet, wie beispielsweise die Fehlermöglichkeits- und -einflussanalyse (FMEA), mithilfe derer die Auswirkungen von Fehlerfolgen bewertet und Maßnahmen abgeleitet werden. Fehler kann dabei nicht nur ein Produktfehler sein, sondern allgemein die Nichterfüllung von definierten Anforderungen.

Branchenspezifische Normen

Über die allgemeinen Anforderungen der ISO 9001 hinaus sind unterschiedliche branchenspezifische Regelungen zur Risikosteuerung definiert worden.

Automobilindustrie:

Die *ISO/TS 16949 Qualitätsmanagementsysteme – Besondere Anforderungen bei Anwendung von ISO 9001 für die Serien- und Ersatzteil-Produktion in der Automobilindustrie* erweitert die bestehenden Forderungen der ISO 9001 um spezielle Anforderungen wie die Bewertung der Herstellbarkeit. Diese Bewertung erfolgt auf Basis einer Risikoanalyse, wobei Risiken für den Produktionsprozess im Mittelpunkt stehen und damit die Zielsetzung der störungsfreien Produktion. Zudem wird betrachtet, welche Risiken im Zuge des Prozesses auftreten können. Unternehmen, die im Umfeld der Automobilindustrie tätig sind, sind bereits seit einigen Jahren mit steigenden Anforderungen zum Thema Risikomanagement konfrontiert.

Luftfahrtindustrie:

Die maßgebliche Norm *EN 9100 „Qualitätsmanagementsysteme – Anforderungen an Organisationen der Luftfahrt, Raumfahrt und Verteidigung* fordert Risikomanagement direkt als Teil der Planung der Produktrealisierung ein. Die wesentlichen Forderungen umfassen:

- Zuordnung von Verantwortlichkeiten,
- Definition von Risikokriterien,
- Festlegungen zur Handhabung von Risiken (identifizieren, bewerten, steuern, kommunizieren).

Darüber hinaus wird im Sinne des Projektmanagements eine Berücksichtigung der Projektrisiken verlangt, um bei der Auswahl von Lieferanten neben den Qualitätskriterien ebenfalls auch damit einhergehende Risiken zu beurteilen.

Medizinprodukte:

Unter Medizinprodukten werden alle Produkte verstanden, die in der Pflege bzw. dem medizinischen und klinischen Alltag Verwendung finden und zur Heilung und Pflege genutzt werden. Dabei reicht das umfassende Produktspektrum vom Verbandsmittel über die Einmalspritze bis hin zum Herzschrittmacher. Unzählige Unternehmen sind Teil- oder Komplettlieferanten, die direkt oder indirekt an der Herstellung und Entwicklung von Medizinprodukten Anteil haben. Die *ISO 13485 Medi-*

zinprodukte – Qualitätsmanagementsysteme – Anforderungen für regulatorische Zwecke stellt hierfür auch die Umsetzung von mehreren EU-Richtlinien zum Thema Medizinprodukte dar, die zum Schutz der Kunden/ Patienten geschaffen wurden. Explizit wird hier auch Risikomanagement gefordert. Um diesen Unternehmen einen Leitfaden zur Umsetzung an die Hand zu geben, wird auf die Norm *ISO 14971 Medizinprodukte – Anwendung des Risikomanagements auf Medizinprodukte* verwiesen. In diesem Regelwerk werden die Elemente des Risikomanagementprozesses als

▪ Risikoanalyse,

▪ Risikobewertung,

▪ Risikosteuerung und

▪ Risikokommunikation/-information (während und nach der Produktionsphase) definiert.

Da sich diese Norm als Leitfaden versteht, besteht der weitaus größte Teil dieser Norm aus Interpretationen und Umsetzungshinweisen.

Projektmanagement

Neben den Anforderungen aus dem Umfeld des Qualitätsmanagements wird Risikomanagement auch als Teil des Projektmanagements verstanden. Beispielsweise wird in der Kompetenzrichtlinie der International Project Management Association an mehreren Ansatzpunkten das Thema Risikomanagement angesprochen (IPMA 2013). Die Richtlinie definiert das Risiko- und Chancenmanagement als fortlaufenden Prozess während aller Phasen der Projektlaufzeit. Die grundlegenden Anforderungen umfassen neben der Ermittlung, Bewertung und Steuerung von Risiken auch die Auswirkungen auf die Projektziele. Zusätzlich sollen im Zuge des Projektabschlusses auch die Erkenntnisse aus Projektrisiken in die „Lessons Learned" einfließen und zur Weiterentwicklung des Projektmanagementprozesses beitragen.

 TIPP: Es empfiehlt sich, den Aufbau bzw. die Implementierung eines Risikomanagementsystems als Projekt bzw. Programm zu organisieren, das formal den Prozessen bzw. Teilprozessen des Projektmanagements folgt (Projektplanungsphase, Projektdurchführungsphase und Projektabschlussphase).

Arbeitssicherheit und Gesundheitsschutz

Im Bereich der Arbeitssicherheit ist das Thema Risikomanagement bereits seit vielen Jahren im Fokus. Die Vielzahl an gesetzlichen Anforderungen an Unternehmer hinsichtlich Arbeitssicherheit und Gesundheitsschutz hat sich auch in Managementsystemnormen wie der *OHSAS 18001 Arbeits- und Gesundheitsschutz-Managementsysteme – Anforderungen* niedergeschlagen.

Der Begriff des „Risikos" wird als Verbindung von Eintrittswahrscheinlichkeit und Auswirkung definiert, wobei die Auswirkung im Zusammenhang mit Verletzung oder Erkrankung von Personen verstanden wird. Die Forderungen an die Gefährdungserkennung (Risikoidentifikation), Risikoeinschätzung (Risikobewertung) und Lenkungsmaßnahmen stellen hierbei jedoch nicht nur die Basis der Norm, sondern entsprechen grundlegenden gesetzlichen Vorgaben. Die Vorgehensweise ist analog zum klassischen Risikomanagementprozess der ISO 31000 zu sehen. Die Abgrenzung wird aus der klaren Definition des Begriffs „Risiko" erkennbar. Im klassischen Sinn fällt vor allem die Arbeitsplatzevaluierung, also die Beurteilung von Gefahren und Belastungen des Arbeitsplatzes, darunter. Ein Spezifikum dieser Norm stellt die Rangfolge bei der Auswahl von Steuerungsmaßnahmen dar, wobei das Eliminieren einer Gefahrenquelle höchste Priorität hat und die Absicherung durch persönliche Schutzausrüstung erst dann überlegenswert ist, wenn alle anderen Möglichkeiten zur Steuerung des Risikos als nicht zielführend bewertet wurden. Darüber hinaus wird auch vorgesehen, dass für den Fall von Notfällen, wie beispielsweise einem Brand, auch entsprechende Notfallpläne erarbeitet, geschult und trainiert werden müssen. Diese potenziellen Notfälle resultieren wiederum aus der Bewertung von Risiken.

Die unterschiedlichen Regelwerke, die das Thema Risikomanagement direkt namentlich oder sinngemäß beinhalten, fordern damit explizit eine Vorgehensweise, um Risiken zu erkennen, systematisch zu erfassen und aktiv zu steuern. Die oberste Priorität der Nutzung von Normvorgaben muss immer zuerst die Sicherstellung der gesetzlichen Anforderung und dann die bestmöglich pragmatische Nutzung der vorhandenen Normen, die für die Implementierung Hilfestellung bietet, sein. Es gilt immer, Doppelgleisigkeiten zu verhindern und die verwendeten Methoden bestmöglich aufeinander abzustimmen. Aufgrund der rasanten Entwicklung im Bereich der Anforderungen zum Risikomanagement in diesen unterschiedlichen Regelwerken ist davon auszugehen, dass der systematische Zugang zum Thema Risikomanagement in Zukunft nicht mehr nur ein „nice to have" sein wird, sondern sich zu einer „State of the Art"-Basisanforderung für alle Unternehmen entwickeln wird.

◼ 3.3 Risiken steuern

Kein System im Unternehmen kann für sich selbst – also unabhängig und losgelöst von anderen Systemen, Planungs- und Steuerungsmethoden, Regelungen bzw. definierten „Umgangsformen" im Unternehmen – sinnvoll eingesetzt werden. Ein Risikosteuerungssystem, das die Zielerreichung im Unternehmen unterstützt und Unternehmenserfolge sicherstellt, kann nur so aufgebaut sein, dass eine Orientierung an den obersten strategischen und operativen Prioritäten des Unternehmens stattfindet. Diese Integration aller Komponenten auf vertikaler Zielebene – wie sie sich in einer klassischen Zielpyramide wiederfindet – und der horizontalen Sicht, die alle Komponenten, die zur Zielerreichung notwendig sind (Prozess-, Projekt-, Mitarbeiterbeurteilungssystem etc.), miteinbezieht, ist ein weiterer wesentlicher Bestandteil des Schritt-für-Schritt-Modells zur Implementierung eines Risikosteuerungssystems. Die Namensfindung „Integratives Risikomanagementsystem" leitet sich demnach logisch daraus ab und soll in Folge als Bezeichnung für das Idealsystem, wie es laut dem Schritt-für-Schritt-Modell implementiert werden soll, in diesem Werk Verwendung finden.

Im Idealfall sind alle anderen Systeme – z. B. das Prozess- und das Projektmanagementsystem – den Unternehmensanforderungen entsprechend transparent ausgestaltet. Haben diese bestehenden Steuerungshilfen oder Systeme einen definierten Sinn, eine konkrete Unterstützungsfunktion zur Zielerreichung – sowohl der über- als auch untergeordneten Ziele im Unternehmen –, können und sollen sie für die Steuerung der Risiken im Unternehmen genutzt werden.

Ist beispielsweise für die produktivsten Prozesse im Unternehmen genau und eindeutig bekannt, wer welche Verantwortung trägt, können Risikoverantwortungen leicht zugeordnet werden. Rollen müssen nicht neu erfunden werden und ergeben sich logisch und automatisch aus den bestehenden Handlungsabläufen und Hierarchien im Unternehmen. So unterstützt ein unter Umständen bestehendes Prozessmanagementsystem, eine eindeutige Funktionsbeschreibung oder einfach eine Verfahrensvorgabe mit zugeordneten Verantwortlichen auf den ersten Blick zwei Ziele des IRMS: das der Risikominimierung und das der Förderung der Transparenz. Handelt es sich um Prozesse, die Einfluss auf Zahlungsflüsse haben, ist auch der Richtigkeit und Vollständigkeit der Rechnungslegung gedient. Bestehende und dokumentierte Aufbauorganisationen mit entsprechenden Funktionsbeschreibungen können z.B. als Abbildung von Freigabesystemen für große Bestellungen dienen. Werden die Vorgaben des Prozessmanagements oder diverse Verfahren darüber hinaus auch eingehalten, ist das „Compliance"-Ziel erreicht.

 HINWEIS: Wichtig für die Art der Implementierung nach dem IRMS-Modell ist die Nutzung bestehender Systeme! Funktionierende Rahmenbedingungen sollen genutzt und nicht neu erfunden werden! Je eindeutiger diese dokumentiert sind, desto besser. Eindeutig bedeutet hier auf keinen Fall ausufernd. ∎

Eindeutig heißt

- klar,
- unmissverständlich,
- prägnant,
- einfach und
- für alle Verantwortlichen (durchführungs-, entscheidungs- und kontrollverantwortlich) zugänglich.

Handbücher, die über 20 Seiten umfassen, liest niemand!

Die folgende Aufzählung gibt einen kurzen Überblick über die typischen Schnittstellensysteme bzw. passenden Steuerungsinstrumente, die die Zielerreichung des Risikomanagements unterstützen:

- Unternehmenspolitik:
  - kommunizierte Wertvorstellungen, die die Unternehmenskultur bedingen sollen (Vision, Mission),
  - Regeln zum Umgang miteinander innerhalb des Unternehmens und mit Dritten (Verhaltenskodex, Werte).
- Zielsystem:
  - definierte mittel- bis langfristige Ziele (Strategie),

- definierte Unternehmens- und Bereichsziele (Jahresplanung und Budgetierung),
- definierte Mitarbeiterziele (Zielvereinbarung).
- Aufbauorganisation:
  - definierte Verantwortungsbereiche, Handlungs- und Weisungsspielräume (Funktionenkonzept, Rollenbeschreibung),
  - Überblick über das Zusammenspiel der einzelnen Organisationsbereiche (Organigramm).
- Ablauforganisation (Prozesse):
  - Handlungs- und Organisationsanweisungen für wesentliche Verfahren,
  - Ablaufbeschreibungen für wesentliche Prozesse,
  - operative Regeln für die Einhaltung von internen Qualitätsanforderungen, branchenspezifischen Qualitätsstandards und Usancen und geltenden Rechtsvorschriften (Qualitätsmanagement).

 SCHNITTSTELLENMANAGEMENT: Unternehmenspolitik

Risikosensitives Verhalten muss vorgelebt werden! Die Erwartungen der Unternehmensführung in Bezug auf das Risikoverhalten der Akteure im Unternehmen müssen klar kommuniziert werden. Nur so können Risiken minimiert und Vermögenswerte gesichert werden.

 SCHNITTSTELLENMANAGEMENT: Zielsystem

Risikosteuerungsmaßnahmen, die auch wirken sollen, müssen immer top-down geplant werden und in ihrer Ausführung bottom-up wirken. Oberste Zielsetzungen müssen prioritäre Messlatten für das Risikoverhalten darstellen. Je genauer und konsistenter die Zielplanung ist – in strategischer sowie operativer Hinsicht –, desto leichter sind die Unternehmensziele auf Risiken zu analysieren und entsprechende Maßnahmen zu setzen.

SCHNITTSTELLENMANAGEMENT:
Ablauforganisation/Prozessmanagement

Wesentliche Prozesse müssen zum Zweck des Risikomanagements nicht extra nochmals erhoben und dargestellt werden, um die einzelnen Handlungsrisiken zuordnen zu können. Es werden die bestehenden Prozessabläufe verwendet. Die Ausführungsverantwortlichen (Prozessverantwortlichen) kennen ihre Prozesse und sind somit als Ansprechpartner für die Risikoerhebung, -beurteilung und -steuerung leicht zu identifizieren.

Nach der Erhebung der Risiken zu den einzelnen Aktivitäten können diese direkt in die Prozessdarstellung (Prozessbeschreibungen) integriert werden. Risikosteuerungsmaßnahmen werden so zum Teil des Prozesses.

HINWEIS: Prozesse

Abschlussprüfer stellen in der Regel die Abläufe der wesentlichen Prozesse, die die Rechnungslegung beeinflussen, grafisch dar. Sie überprüfen den Belegfluss und die Nachvollziehbarkeit und Rechtskonformität der Handlungen im Zusammenhang mit buchungsrelevanten Aktivitäten. Sind solche vorhanden, erübrigt sich die externe Erhebung derselben. Der Prüfer kann gegen ein bestehendes System prüfen. Das spart Kosten und Zeit! Darüber hinaus können und sollen diese Aufzeichnungen im Sinne der Vermögenssicherung im Risikomanagement auch zur Prüfung auf Effizienz bzw. Sinnhaftigkeit der Handlungen im Unternehmen genutzt werden.

Der alltägliche Umgang mit Prozessen und die Nutzung dieses Steuerungselements macht die Regelung und Definition der notwendigen Aktivitäten des Risikomanagements – Identifizieren, Analysieren, Steuern (vgl. dazu den PDCA-Kreislauf laut Bild 3.5) – in einem in die tägliche Arbeit integrierten Risikomanagementprozess wesentlich einfacher. Kommunikation und Wahrnehmung über definierte Verantwortungen sind in der Regel professioneller. Bestehende Rollen – z.B. die eines Prozessverantwortlichen in der Produktion – korrelieren häufig mit der Rolle eines Risikoverantwortlichen.

SCHNITTSTELLENMANAGEMENT:
Aufbauorganisation/Strukturmanagement

In wesentlichen Prozessen, vor allem im Bereich der Ausgangs-rechnungs- und Eingangsrechnungsabwicklung, ist Funktionstren-nung als Risikosteuerungsaktion („interne Kontrolle") zu sehen. Dabei muss die Trennung der Ausführenden zwischen folgenden Aktivitäten innerhalb des Prozesses gewährleistet sein:

- Beauftragung,
- Genehmigung,
- Durchführung,
- Verbuchung/Verwaltung,
- Bezahlung,
- Kontrolle.

Diese Funktionstrennung entspricht im Idealfall den Befugnissen eines Stelleninhabers in der Unternehmensorganisation, wie es z. B. in einem Organigramm oder einer Stellenbeschreibung dargestellt sein kann. Je genauer die wichtigen Funktionen im Unternehmen definiert sind, desto leichter sind Verantwortungen und Rollen im Risikomanagement zuzuordnen. Wichtig ist auch die Konsistenz et-waiger Funktionsbeschreibungen mit bestehenden Weisungsbefug-nissen und etwaig definierten Zuordnungen von Verantwortungs-bereichen.

Je nachdem, wie Unternehmen ihre Entscheidungsprozesse gestalten, ergeben sich mehr oder weniger formelle Gliederungsmerkmale in Orga-nisationen. Entscheidungszentralisation setzt Generalisten an der Spitze der Unternehmung und – je nach Größe des Unternehmens – in etwai-gen Abteilungen bzw. Unterabteilungen voraus. Objektorientierte, ver-richtungsgruppierte bzw. regional fokussierte Organisationsstrukturen brauchen Spezialisten, die in den unterschiedlichen Funktionsgruppen oder Organisationseinheiten Entscheidungen treffen. Diese Entschei-dungsträger sind letztverantwortlich für die Aktivitäten der Ausfüh-renden ihres Bereichs. Je klarer die Strukturierung der Entscheidungs-gruppen, desto leichter die Identifikation von Risikogruppen und Verantwortlichen, die die Risiken ihres Bereichs kennen, bewerten und steuern können.

TIPP: In den meisten Organisationen gibt es definierte Organisationsstrukturen (leitende Ebenen, Abteilungen, Stellen etc.), die in
einer Art Organigramm definiert sind. Um die ersten Schritte bei
der Verantwortungszuordnung im Risikomanagement umzusetzen,
ist eine Grundstruktur erforderlich. Sind keinerlei Organisations-
strukturelemente wie eine Aufbau- und/oder Ablauforganisation,
ein Zielsystem oder andere strukturelle Vorgaben im Unternehmen
vorhanden, müssen diese Grundstrukturen geschaffen werden
(vgl. dazu Schritt 1 und 3 im IRMS-Modell).

Um die definierten Ziele des IRMS erreichen zu können, werden also im
Idealfall existente Systeme der Organisationsentwicklung genutzt. Welche Voraussetzungen diese Systeme oder Steuerungsinstrumente konkret erfüllen müssen, um ihren Beitrag zum Aufbau und zur Nutzung
eines funktionsfähigen IRMS leisten zu können und in Folge die vorgegebenen Unternehmensziele zu erreichen, zeigt Bild 3.8.

Auch bestehende Grundregeln im Unternehmen, Vision, Mission und
definierte Strategie – bestmöglich definiert in einer Unternehmenspolitik – sowie die kurz-, mittel- und langfristigen Unternehmens-, Bereichs-
und Mitarbeiterziele sind Elemente, die die Ausgestaltung des Risikomanagements und die aktive Risikosteuerung beeinflussen. In der Praxis
muss auch hier geprüft werden, ob diese Elemente die Mindestvoraussetzungen erfüllen, um für den Aufbau eines integrativen, sinnvoll ausge-
stalteten und effizienten Steuerungssystems brauchbar zu sein (vgl.
dazu Schritt 1 im IRMS-Modell).

 HINWEIS: Die wesentlichen Handlungen bzw. Aktivitäten im Unternehmen sollten unbedingt nachvollziehbar sein. Die Ziele 1 bis 3
sind ohne die Erfüllung des Ziels 4 des IRMS-Modells nicht zu erreichen!

	Ziel 1	Ziel 2	Ziel 3	Ziel 4
	Vollständiges und richtiges Reporting	Normenkonformität „Compliance"	Risikominimierung	Nachvollziehbarkeit der wesentlichen Handlungen
Risikomanagement	Alle wesentlichen Prozessrisiken sind identifiziert ✔ Kontrollen sind definiert ✔	Sicherheit und Haftungsrisiken sind bekannt ✔ und werden aktiv gesteuert ✔	Alle wesentlichen Unternehmensrisiken sind ... ... systematisch erfasst ✔ ... und werden aktiv gesteuert ✔	Wesentliche risikobehaftete Aktivitäten sind erfasst ✔ Maßnahmenpläne sind kommuniziert und werden administriert ✔
Ablauf-Management	Wesentliche Abläufe/Prozesse sind eindeutig nachvollziehbar ✔ Kontrollen sind darin integriert ✔	Interne Regeln sind erstellt und kommuniziert ✔ Normenübersicht ist verfügbar ✔	Verantwortungen laut RkM-Prozess sind ... ... definiert ✔ ... und kommuniziert ✔	RkM-Prozess ist definiert und kommuniziert ✔
Struktur-Management	Funktionstrennung in ... ... Organisationsstruktur ✔ ... und personenbezogenen Rollen ✔ umgesetzt	Normenverantwortlicher ist definiert ✔	Risikoverantwortung ist konform mit ... ... Weisungsbefugnis ✔ ... und Befähigung ✔ der Verantwortlichen	Funktionen des RkM sind ... ... eindeutig definiert ✔ ... Personen zugeordnet ✔ ... und kommuniziert ✔
Unternehmenspolitik	Geschäftsführung und erweitertes Management stehen für und hinter ... ... aktives/m Risikomanagement ✔ ... risikopolitische(n) Grundsätzen im Unternehmen ✔			Risikopolitische Grundsätze definiert ✔ Management fördert und fordert transparentes Handeln ✔
Zielesystem	RkM-Ziele sind definiert und kommuniziert ✔ RkM-Ziele sind mit operativen und strategischen Zielsetzungen konsistent ✔	Unternehmensziele sind normenkonform... ... definiert ✔ ... und umsetzbar ✔	Operative und strategische Unternehmensziele unterliegen einer ... ... dokumentierten ✔ ... und aktualisierten Risikoeinschätzung ✔	Soll-Ist-Abweichungen sind nachvollziehbar ✔

Bild 3.8 Voraussetzungen zur Systemzielerfüllung mithilfe des Einsatzes von Organisationsentwicklungsinstrumenten

In Anlehnung an diverse Managementlehren soll der „qualifizierte", also fachkundige Adressat Zugriff auf eindeutig definierte, sicher festgehaltene und damit nachprüfbare Informationen haben. Diese erfüllen im Idealfall folgende Transparenzkriterien:

▪ Informationen sind einmalig: nicht veränderbar, als eindeutige Version administriert. Bei Informationen ist zwischen Vorgaben (Anleitung, Anweisung) und Nachweisen (Protokolle, Prüfungsergebnisse) zu unterscheiden.

▪ Informationen sind personen- bzw. rollenbezogen: Es gibt einen eindeutigen Verfasser, dessen Objektivität im Zweifelsfall prüfbar ist.

▪ Daten sind konsistent: Unterschiedliche Teilinformationen oder aufeinander aufbauende Informationen widersprechen sich nicht und sind eindeutig in ihrer Wortfindung.

▪ Informationen sind folgegerichtet: Informationen dienen immer als Nutzenstifter für die Entscheidung über eine daraus resultierende Aktion/Handlung.

▪ Daten sind benutzerfreundlich: Die Information muss durch den fachkundigen Adressaten schnell und eindeutig erfassbar sein.

▪ Daten sind systemadäquat: Die notwendige Tiefe, Granularität und Publizitätsanforderungen der Information hängen unter anderem von Größe und Qualifikation des Adressatenkreises, Kosten-Nutzen-Überlegungen und rechtlichen Anforderungen ab.

 HINWEIS: Egal, wie Unternehmen gesteuert werden sollen, also egal, welches Modell bzw. Teilmodell zur Steuerung von Unternehmen zum Einsatz gelangt, es muss eindeutig für alle involvierten Personen nachvollziehbar sein. Dazu ist – je nach Unternehmensgröße und Hierarchiestärke – ein angepasstes Maß an Dokumentation nötig. Selbst in einem kleinen Unternehmen sollten alle Mitarbeiter die wichtigsten Ziele des Unternehmens heute und auch in einem Jahr genau kennen. Es muss bekannt sein, wer generell und in risikobehafteten Ausnahmefällen welche Entscheidungen trifft, was unter Umständen rechtlich bedenklich ist oder den guten Ruf des Unternehmens oder sogar die Unternehmensexistenz gefährdet.

■ 3.4 Literatur

- Aktiengesetz (AktG), deutsches Bundesgesetz, letzte Änderung vom 23. Juli 2013

- Berufsaufsichtsreformgesetz (BARefG), deutsches Bundesgesetz zur Stärkung der Berufsaufsicht und zur Reform berufsrechtlicher Regelungen in der Wirtschaftsprüfung, 2007

- Bilanzrechtsmodernisierungsgesetz (BilMoG), deutsches Bundesgesetz zur Modernisierung des Bilanzrechts, 2009

- Börsegesetz (BörseG), österreichisches Bundesgesetz über die Wertpapier- und allgemeinen Warenbörsen und über die Abänderung des Börsesensale-Gesetzes 1949 und der Börsegesetz-Novelle 1903 vom 8. November 1989

- Committee of Sponsoring Organizations of the Treadway Commission (COSO): *Enterprise Risk Management – Integrated Framework.* New York 2004

- Committee of Sponsoring Organizations of the Treadway Commission (COSO): *Internal Control – Integrated Framework.* New York 1992

- EU-Richtlinie 2006/43/EG des Europäischen Parlaments und des Rates über Abschlussprüfungen von Jahresabschlüssen und konsolidierten Abschlüssen vom 17. Mai 2006

- EU-Richtlinie 2006/46/EG des Europäischen Parlaments und des Rates über den Jahresabschluss von Gesellschaften bestimmter Rechtsformen, über den konsolidierten Abschluss, über den Jahresabschluss und den konsolidierten Abschluss von Banken und anderen Finanzinstituten, und den Jahresabschluss und den konsolidierten Abschluss von Versicherungsunternehmen vom 14. Juni 2006

- EU-Richtlinie 2008/30/EG des Europäischen Parlaments und des Rates über Abschlussprüfungen von Jahresabschlüssen und konsolidierten Abschlüssen im Hinblick auf die der Kommission übertragenen Durchführungsbefugnisse vom 11. März 2008

- Gesetz zur Kontrolle und Transparenz im Unternehmensbereich (KonTraG), deutsches Bundesgesetz, 1998

- Handelsgesetzbuch (HGB), deutsches Bundesgesetz, letzte Änderung vom 4. Juli 2013

- International Organization for Standardization (ISO): *ISO 31000:2009 Risikomanagement – Grundsätze und Richtlinien.* Genf 2009
- International Organization for Standardization (ISO): *ISO 9000:2005 Qualitätsmanagementsysteme – Grundlagen und Begriffe.* Genf 2005
- International Organization for Standardization (ISO): *ISO 9001:2008 Qualitätsmanagementsysteme – Anforderungen.* Genf 2008
- International Project Management Association (IPMA): *ICB – IPMA Competence Baseline Version 3.0 (Deutsch).* http://www.p-m-a.at/pma-download/cat_view/71-icb-pmbaseline-und-pm-basic-syllabus.html, eingesehen am 11. Mai 2013
- Nowotny, C.: „Kommentar zum Aktiengesetz". In: Doralt, P.; Nowotny, C.; Kalss, S.: *Kommentar zum AktG. I Rz 2 zu § 82 mwN des Ministerialentwurfs zum URÄG.* Wien 2012
- Österreichisches Normungsinstitut (ON): *ONR 49000:2010 Risikomanagement für Organisationen und Systeme – Begriffe und Grundlagen.* Wien 2010
- Österreichischer Arbeitskreis für Corporate Governance: Österreichischer *Corporate Governance Kodex.* Wien 2010
- Unternehmensgesetzbuch (UGB), österreichisches Bundesgesetz, zuletzt geändert durch BGBl. I Nr. 50/2013
- Unternehmensrechts-Änderungsgesetz (URÄG), österreichisches Bundesgesetz, BGBl. I Nr. 70/2008 vom 7. Mai 2008
- Verbandsverantwortlichkeitsgesetz (VbVG), österreichisches Bundesgesetz über die Verantwortlichkeit von Verbänden für Straftaten, 2013
- Wertpapierhandelsgesetz (WpHG), deutsches Bundesgesetz vom 26. Juli 1994
- Wolf, K.; Runzheimer, B.: *Risikomanagement und KonTraG. Konzeption und Implementierung.* Wiesbaden 2001

4 Schritt für Schritt zum IRMS

■ 4.1 Das IRMS-Modell im Überblick

Mithilfe des Schritt-für-Schritt-Vorgehens kann sukzessive das Integrative Risikomanagementsystem umgesetzt werden. Das IRMS-Modell wurde unter anderem basierend auf unterschiedlichen Grundlagen aus der Unternehmens- und Managementtheorie sowie auf Basis von Vorgaben verschiedener Normen entwickelt (siehe Kapitel 2). Dabei werden Instrumente, Strukturen, Systeme und Akteure nie alleine für sich betrachtet. Dem Modell liegt zugrunde, dass diese alleine nicht funktionieren bzw. nur suboptimalen Output liefern. Die einzelnen Handlungen der Akteure greifen im Sinne der Theorie des Prozessmanagements ineinander und haben Schnittstellen zu anderen Aktionsgruppen bzw. Prozessen. Der Einsatz der Instrumente beeinflusst wie in der Qualitätsmanagementtheorie die Sicherheit der Mitarbeiter und Kunden, die Wertigkeit des Produkts, den Umgang mit (sensiblen) Daten, die Art und Weise der Wissenssicherung und Eigenschaften der Kommunikation, die Beschaffenheit der Mitarbeiter- und Kundenbeziehungen, die (Nicht-)Einhaltung von Gesetzen und nicht zuletzt den Umgang mit Risiken. Jede Aktion wird von einer bestimmten Person ausgeführt. Diese trägt Verantwortung und agiert bestmöglich innerhalb ihres Handlungsspielraums bzw. ihrer definierten Kompetenzen in Abstimmung mit anderen Verantwortlichen. Sie ist entscheidungs-, durchführungs- oder kontrollverantwortlich. Wertesysteme und Regeln bestimmen den Umgang miteinander – innerhalb des Unternehmens und gegenüber Dritten. Diese Standards müssen von den Führungspersonen definiert, kommuniziert und vorgelebt werden. Letztere bestimmen zu einem nicht zu vernachlässigenden Anteil die Erreichung aller im Unternehmen definierten Ziele, bestmöglich über die rein finanziellen (und in vielen Fällen kurzfristig orientierten) „Performance"-Ziele hinaus – ganz im Sinne einer Balanced Scorecard (BSC).

Eine Balanced Scorecard (BSC) ist ein Zielplanungs- und -messsystem, das als Grundlage der Unternehmenssteuerung die Definition von Unternehmenszielen in vier Kategorien sieht, die auf der Basis einer Vision und Strategie entstehen. Die Unternehmensziele werden aus vier Perspektiven (Finanz, Kunde, Prozess, Potenzial) betrachtet und jeweils mit Messkennzahlen zur Erhebung der Zielerreichung versehen (Kaplan/ Norton 2006).

Ein weiterer grundlegender Aspekt der Überlegungen zum IRMS-Modell und dessen Entwicklung sind die rechtlichen Grundlagen, die auf europäischer Ebene zum Thema Risikomanagement- und Interne Kontrollsysteme definiert wurden. Die auf Basis der rechtlichen Anforderungen definierten Ziele des IRMS (vgl. Bild 3.2) sollen bei Befolgung der Schritt-für-Schritt-Implementierungsvorgabe unter Einbeziehung und Nutzung bestehender Systeme im Unternehmen Erfüllung finden.

Die weltweit erprobten Best-Practice-Modelle COSO I und COSO II dienten für die IRMS-Modellentwicklung als weiterer wichtiger Einflussfaktor. Die amerikanische Börsenaufsicht SEC fordert die Risikomanagementsystem-Implementierung nach COSO – vor allem betreffend das Rahmenwerk IKS (COSO I) – verpflichtend für börsennotierte Unternehmen. In der Praxis hat sich bei der Umsetzung jedoch gezeigt, dass es kostentechnisch kaum zu rechtfertigen ist, den Großteil der Prozesse grafisch zu erfassen und mit Kontrollen zu versehen, wie es die Richtlinie vorsieht. „In Amerika haben zur Einführung nach COSO verpflichtete Unternehmen Klagen eingebracht, da der Aufwand durch die amerikanische Börsenaufsichtsbehörde offenbar gründlich unterschätzt wurde. Aus einer Studie aus dem Jahr 2007 geht hervor, dass für börsennotierte Unternehmen in Amerika die Kosten der Umsetzung eines adäquaten Internen Kontrollsystems durchschnittlich bei 1,2 Millionen statt der ursprünglich geschätzten 91 000 US-Dollar lagen" (FERF 2012).

 HINWEIS: Theoretische Modelle, Best-Practice-Leitfäden und Qualitätsnormen können nur als „Wegweiser durch ein System" gesehen werden. Die Nutzung der Erfahrungswerte von Spezialisten, die möglichst viele Umsetzungen begleitet haben und demnach diese Leitfäden zu interpretieren wissen, wird in Unternehmen, in denen Organisationsentwicklung im Rahmen von Systemimplementierungen oder -änderungen stattfinden sollen, immer ratsam sein. Eines dieser Modelle als starre Vorschrift zur Implementierung und Steuerung zu betrachten, ist als kontraproduktiv zu bezeichnen, da kein Unternehmen dem anderen gleicht!

Mithilfe des IRMS-Modells können solche Systeme erfolgreich implementiert werden. Das IRMS-Modell folgt grundsätzlich dem PDCA-Kreislauf nach Deming. Auf Basis der übergeordneten Unternehmensziele
und in Abstimmung mit den anderen gelebten Steuerungselementen
bzw. Systemen im Unternehmen werden Grundlagen erarbeitet, die als
risikopolitische Grundsätze die Rahmenbedingungen für alle Aktivitäten der Risikosteuerung definieren. Die Prüfung der Existenz und Qualität des Systems mündet in einem Revisionsbericht, der darstellt, ob die
Erwartungen in das System und die definierten IRMS-Ziele erreicht worden sind (Bild 4.1).

Bild 4.1 Systemüberblick

■ 4.2 Sieben Schritte zum IRMS

Das im folgenden Abschnitt beschriebene Modell zur Implementierung eines IRMS leitet Sie mit vielen praktischen Beispielen, Infos, Tipps und Checklisten durch die Implementierungsabwicklung ihres Projekts. Die Erwartungen, die an dieses Projekt von vielen Seiten gesetzt werden, sollen vor Projektbeginn genau abgeklärt werden. So sollen auch die Ziele des Projekts genau vor Projektstart definiert und an den entsprechenden Adressatenkreis kommuniziert werden.

Notwendige Projektvorbereitungsagenden sind – weil sie nicht Teil des eigentlichen Projekts sind – im folgenden Modell als Schritt 0 dargestellt. Dies entspricht auch der Logik des Projektansatzes zur Implementierung (vgl. dazu Kapitel 6).

Bild 4.2 zeigt die einzelnen Schritte des Modells zur Implementierung eines IRMS im Überblick. Den Start bildet **Schritt 0 – Definition der Erwartungen** der Unternehmensleitung an das zu implementierende System. Wichtig ist hierbei die klare Abgrenzung des Implementierungsprojekts von etwaigen durch die **Durchführung einer Systemumfeldanalyse (Schritt 1)** identifizierten Mängeln an bestehenden Steuerungselementen, um das Risikomanagement- und Interne Kontrollsystem darauf aufbauen zu können. Damit trägt es dem integrativen Ansatz Rechnung, indem sichergestellt wird, dass alle Komponenten, die unbedingt zur Implementierung eines Risikomanagementsystems bzw. Internen Kontrollsystems notwendig sind, im Unternehmen vorhanden sind. Sollten Lücken bestehen, kann aufgezeigt werden, welche Instrumente in welcher Qualität notwendig sind, um ein lebbares Unternehmenssteuerungssystem zu implementieren, das langfristig einen Mehrwert für das Unternehmen sicherstellt.

Schritt 2 beschäftigt sich mit den typischen und sinnvollen Inhalten **risikopolitischer Grundsätze** im Sinne von definierten Rahmenbedingungen, die vorherrschen müssen, sodass ein Risikomanagement- und Internes Kontrollsystem die Erreichung der definierten Unternehmensziele unterstützt. Entscheidungskriterien zum Abwägen von Rendite und Risiko sowie die Obergrenze für den Gesamtumfang der Risiken zur notwendigen Eigenkapitalausstattung sollen neben vielen anderen grundlegenden Kriterien festgelegt werden. Diese Grundsätze beinhalten auch die definierten Wesentlichkeitskriterien für prioritär zu betrachtende Risiken bzw. Risikogruppen und etwaige Bewertungsrichtlinien für Risiken. Allem voran steht aber das verpflichtende Bekenntnis der Führungspersonen, diese Grundregeln des Risikomanagements einzuhalten.

Um Ansprechpartner und Verantwortliche definieren und sich einen Überblick über die unterschiedlichen risikobehafteten Bereiche im Unternehmen verschaffen zu können, ist es sinnvoll, Risikoklassen bzw. -gruppen zu bilden. Von der **Risikogruppierung** nach externen bzw. internen Risikoursachen, markt- bzw. kundenbeeinflussend oder nicht, abteilungs- bzw. prozessbezogener oder projektbezogener Gruppierung bis hin zu Gefahrengruppen nach Art und Weise der Unternehmensstrukturierung ist alles denkbar. Ganz davon abhängig, was praktikabel im jeweiligen Unternehmen ist! **Schritt 3** befasst sich mit der Einteilung der Risiken in Gruppen und Untergruppen und deren **Vorabpriorisierung**. In den priorisierten Risikogruppen werden dann die einzelnen **Risiken identifiziert und** nach den festgelegten Kriterien **bewertet**. Der Schritt zeigt, wie Risikolisten gestaltet sein können, um sie in Folge praktikabel um weitere Analyseerkenntnisse bzw. Maßnahmen zu erweitern.

Schritt 4 beschäftigt sich mit der klassischen **Risikoanalyse**. Es wird darauf eingegangen, wie man als wesentlich identifizierte Risiken sinnvoll **beschreiben, bewerten und weitergehend analysieren** kann. Risikoblätter werden für priorisierte Risiken erstellt, die einen Überblick über mögliche Schäden schlagend werdender Risiken geben sollen, und Frühindikatoren festgelegt.

Welche risikosteuernden Maßnahmen zur Auswahl stehen und unter verschiedenen Voraussetzungen bestmöglich eingesetzt werden, wie Maßnahmen verbindlich definiert werden können, beschreibt der **Schritt 5**.

Ist das System als Gesamtes „zum Laufen gebracht", kennt jeder seine Verantwortungen, sind die Schnittstellen klar und können außerdem gut genützt werden, werden die Risiken über einen gewissen Betrachtungszeitraum aktiv gesteuert – meist über ein Geschäftsjahr –, muss auch dieses System einer Revision unterzogen werden. Schwachstellen sowohl in der Ausführung als auch im ursprünglichen Design des Systems müssen aufgedeckt werden. Dieser Teil des Risikosteuerungsprozesses wird als **Risiko-Monitoring** bezeichnet. **Schritt 6** beleuchtet die Aufgaben dieses wesentlichen Teilbereichs von erfolgreichem Risikomanagement und zeigt praktikable Hilfsmittel zur Evaluierung.

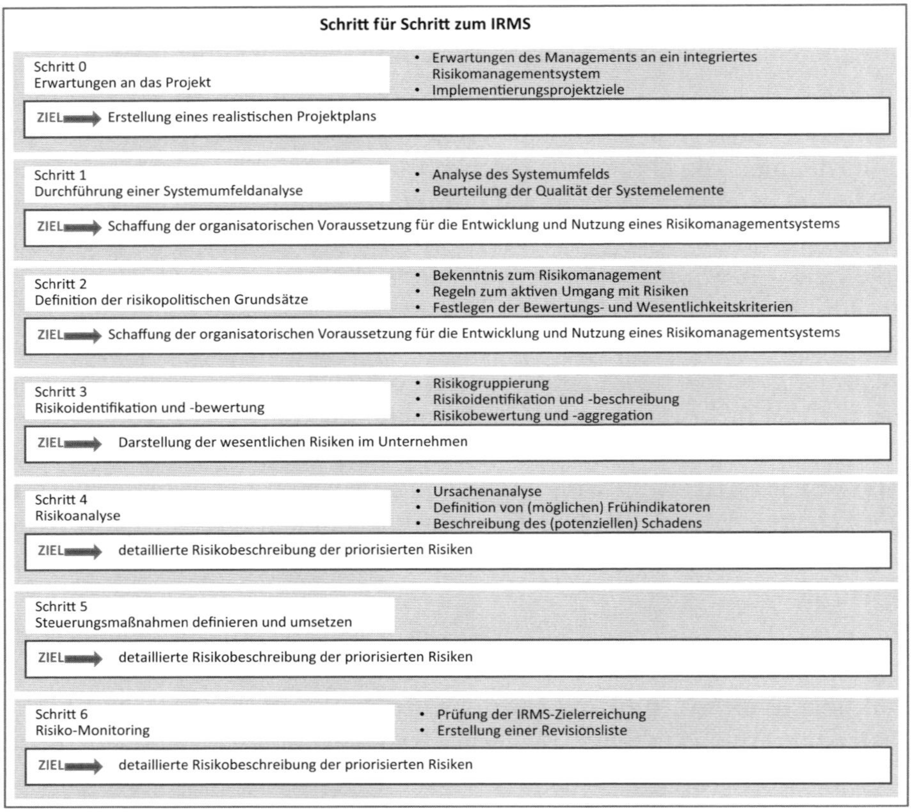

Schritt für Schritt zum IRMS
Schritt 0
Erwartungen an das Projekt
• Erwartungen des Managements an ein integriertes Risikomanagementsystem
• Implementierungsprojektziele
ZIEL Erstellung eines realistischen Projektplans
Schritt 1
Durchführung einer Systemumfeldanalyse
• Analyse des Systemumfelds
• Beurteilung der Qualität der Systemelemente
ZIEL Schaffung der organisatorischen Voraussetzung für die Entwicklung und Nutzung eines Risikomanagementsystems
Schritt 2
Definition der risikopolitischen Grundsätze
• Bekenntnis zum Risikomanagement
• Regeln zum aktiven Umgang mit Risiken
• Festlegen der Bewertungs- und Wesentlichkeitskriterien
ZIEL Schaffung der organisatorischen Voraussetzung für die Entwicklung und Nutzung eines Risikomanagementsystems
Schritt 3
Risikoidentifikation und -bewertung
• Risikogruppierung
• Risikoidentifikation und -beschreibung
• Risikobewertung und -aggregation
ZIEL Darstellung der wesentlichen Risiken im Unternehmen
Schritt 4
Risikoanalyse
• Ursachenanalyse
• Definition von (möglichen) Frühindikatoren
• Beschreibung des (potenziellen) Schadens
ZIEL detaillierte Risikobeschreibung der priorisierten Risiken
Schritt 5
Steuerungsmaßnahmen definieren und umsetzen
ZIEL detaillierte Risikobeschreibung der priorisierten Risiken
Schritt 6
Risiko-Monitoring
• Prüfung der IRMS-Zielerreichung
• Erstellung einer Revisionsliste
ZIEL detaillierte Risikobeschreibung der priorisierten Risiken

Bild 4.2 Schritt für Schritt zum IRMS

4.2.1 Schritt 0 – Erwartungen an das Projekt

Schritt 0
Erwartungen an das Projekt
• Erwartungen des Managements an ein integriertes Risikomanagementsystem
• Implementierungsprojektziele
ZIEL Erstellung eines realistischen Projektplans

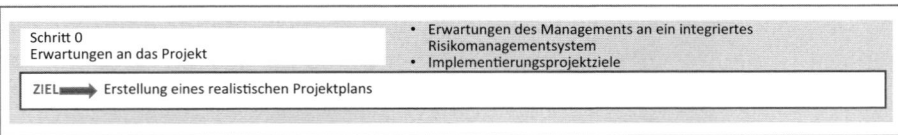

In Abhängigkeit von

- der Größe des Unternehmens,
- den rechtlichen Anforderungen aufgrund der Gesellschaftsform,
- der Branche,
- vom Unternehmensgegenstand bzw. einer etwaigen Börsennotierung
- oder der spezifischen Unternehmenskultur

werden die Erwartungen an ein zu implementierendes Risikomanagementsystem mehr oder weniger variieren.

Unternehmen mit stark risikobehafteten Bereichen, wie z. B. der Verarbeitung von Gefahrenstoffen in der Petrochemie, werden besonderen Fokus auf die Risikominimierung und die Schaffung bzw. Förderung des Risikobewusstseins bei den Mitarbeitern lenken. Die Verantwortlichen und ausführenden Mitarbeiter in diesen besonderen Bereichen richten ihr primäres Augenmerk auf die Vermeidung etwaiger Schäden an Leib und Leben der Mitarbeiter bzw. Dritter. Anbieter von Produkten und/oder Dienstleistungen im Internet richten ihr Risikomanagementinteresse vor allem auf die digitale Zahlungsabwicklung – also die Effizienz und Sicherheit der Ausgangsrechnungsdisposition sowie den Order-to-Cash-Prozess (gesamter Ablauf der Ausgangsrechnungsabwicklung, also alle Aktivitäten von der Anfrage eines Kunden zur Bezahlung der Rechnung, der Abführung der Umsatzsteuer und der entsprechenden Ausbuchung der Lieferforderung) und somit auf ein eindeutig nachvollziehbares, rechnungslegungsorientiertes Internes Kontrollsystem. Große, weltweit agierende Konzerne, die börsennotiert sind, müssen per Gesetz ein Internes Kontrollsystem als Bestandteil eines konzernweitern Risikomanagementsystems mit allen notwendigen Organen und Dokumenten aufbauen.

Zentrale Erwartungen zum Thema Risikomanagement, ganz unabhängig von diversen Rahmenbedingungen der Unternehmen, werden in der Regel um die folgenden Themenbereiche kreisen:

▪ Sicherstellung der Rechtskonformität (Compliance)

   ▪ rechtskonforme Rechnungslegung (Erhalt eines uneingeschränkten Bestätigungsvermerks durch den Abschlussprüfer),

   ▪ Minimierung der Haftungsrisiken,

   ▪ rechtskonformes Agieren der Unternehmensorgane und Mitarbeiter,

▪ Kostensenkung bei der Wirtschaftsprüfung,

▪ Effizienzsteigerung und Risikovermeidung durch Förderung von Risikobewusstsein.

 TIPP: Solche „Hard Requirements" finden bei einem Brainstorming auf Geschäftsführungsebene fast immer Erwähnung, weil sie die Kosten positiv beeinflussen und vermögenssichernd wirken. Sie decken sich bei genauerer Betrachtung mit den Zielen 1 bis 3 des IRMS (Vollständigkeit und Richtigkeit der Rechnungslegung, Normenkonformität, Risikominimierung).

Bei der Implementierung solcher Systeme ist es für Projektverantwortliche ratsam, Best-Practice-Modelle und rechtliche Grundlagen darzulegen und bei den Entscheidungsträgern auf Basis dieser Wissengrundlage die Erwartungen an das Projekt vor Projektstart abzuklären.

 HINWEIS: Dokumentieren Sie die Erwartungen und grenzen Sie das Projekt entsprechend den tatsächlich zu erfüllenden Erwartungen in Form der Definition von Projektzielen ab. Definieren Sie unbedingt Indikatoren, anhand derer die Erfüllung der Ziele am Ende des Projekts bewertet werden kann!

Aus einem vom Abschlussprüfer erstellten Bericht wird hervorgehen, welche Anforderungen an das Risikomanagement- und Interne Kontrollsystem bzw. an die Transparenz und Dokumentation von wichtigen Geschäftsprozessen oder die Buchhaltung und den Jahresabschluss betreffende Handlungen es gibt. Diese sollen entsprechend als Ziel für die Implementierung eines Risikomanagement- und Internen Kontrollsystems mitaufgenommen werden.

Sollen die Ziele Vollständigkeit und Richtigkeit der Rechnungslegung, Normenkonformität sowie Risikominimierung (Ziele 1 bis 3 des IRMS) erreicht werden, muss den Anforderungen an Ziel 4, die Nachvollziehbarkeit der wesentlichen Handlungen im Unternehmen, entsprochen werden. Nur dann kann ein sinnvolles Risikomanagement- und Internes Kontrollsystem aufgebaut und implementiert werden. Um also die „Hard Requirements" erfüllen zu können, müssen zumindest folgende Kriterien im Sinne der Nachvollziehbarkeit der wesentlichen Handlungen erfüllt sein:

▪ Wichtige Prozesse im Unternehmen müssen eindeutig nachvollziehbar dokumentiert sein (z.B. Monats- und Jahresabschluss, Ausgangsrechnungsabwicklung etc.). Es muss klar sein, wer für risikobehaftete Aktionen durchführungs- und entscheidungsverantwortlich ist.

▪ Weisungsbefugnisse müssen vor allem in risikobehafteten Bereichen (z.B. Abwicklung von Großbestellungen im Bereich Purchase to Pay) eindeutig definiert sein (Purchase to Pay: gesamter Ablauf der Eingangsrechnungsabwicklung, also alle Aktivitäten von der Entstehung eines Bedarfs bis zur Bezahlung der Rechnung, des Vorsteuerabzuges und der entsprechenden Ausbuchung der Lieferverbindlichkeit).

- Für wesentliche risikobehaftete Aktionen müssen organisatorische Rahmenbedingungen geschaffen sein, um Ereignisse, die mit ihnen in Verbindung stehen, entsprechend zu identifizieren und erfassen zu können (z. B. Nachvollziehbarkeit des Belegflusses).

- Notwendige Organe (z. B. Prüfungsausschuss) müssen installiert sein. Diese müssen die organisatorischen Rahmenbedingungen vorfinden, um ihre Rolle wahrnehmen zu können.

Daraus ergeben sich Anforderungen bzw. Erwartungen an die Ausgestaltung von Verwaltung und Organisation, die sich als logische Konsequenzen aus den „Hard Requirements" ableiten lassen. Praktisch gesehen geht es dabei um jede Art von dokumentierten und von den Mitarbeitern gekannten Regeln betreffend die Organisationsbereiche

- Unternehmenspolitik,

- Zielsystem sowie

- Aufbau- und Ablauforganisation.

Ob und inwiefern die organisatorischen Mindestvoraussetzungen für die Implementierung eines Risikomanagement- und Internen Kontrollsystems vorhanden sind, ist zu prüfen.

 TIPP: Je nach Ausprägung der Erwartungen hinsichtlich eines zu implementierenden Risikomanagementsystems sind die organisatorischen Voraussetzungen bzw. die bestehenden organisatorischen Elemente auf Qualität und Brauchbarkeit vor Projektbeginn zu analysieren.

4.2.2 Schritt 1 – Durchführung einer Systemumfeldanalyse

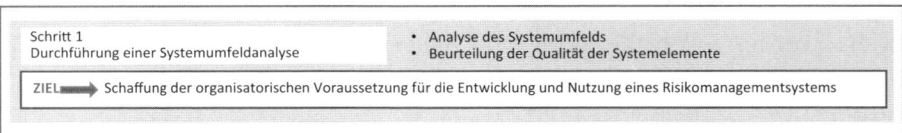

Das Systemumfeld bildet den Rahmen für ein funktionsfähiges Risikomanagement- und Internes Kontrollsystem. Zur Bewertung dieses Umfelds werden Existenz und Qualität im Sinne der Nutzbarkeit der jeweiligen Dokumente geprüft.

Folgende Prüffaktoren spielen dabei beispielhaft eine Rolle:

- Existenz
  - Ablage,
  - Möglichkeit der Einsichtnahme durch verantwortliche/mitarbeitende Mitarbeiter
  - etc.
- Qualität
  - Eindeutigkeit,
  - Zugriff/Ablage,
  - Aktualität,
  - Wiedergabe der Realität,
  - Grad der tatsächlichen Umsetzung
  - etc.
- Dokumente
  - Organisationhandbuch,
  - Aufbau- und Ablauforganisation,
  - Rollenkonzept, Arbeitsanweisungen,
  - Vorstandsbeschlüsse, Anweisungen der Geschäftsführung etc.,
  - Zuordnung von strategischen und operativen Zielen zu Prozessen
  - etc.

Um organisatorische Voraussetzungen und die Qualität der bestehenden Organisationsinstrumente und -systeme bewerten zu können, sind Fragelisten hilfreich, die erste Ansatzpunkte darüber geben, wo nachgehakt werden muss, wo Dokumente zu finden sind, die die Ausführung von vorgesehenen Handlungen im Unternehmen belegen oder nachvollziehbar machen (sogenannte Evidenzdokumente). Zudem muss evaluiert werden, wer die nötigen Ansprechpartner sind, und letztendlich auch, um die Qualität der bestehenden Organisationselemente zu testen.

 TIPP: Workshops eignen sich sehr gut, um eine Einschätzung der Existenz und Nutzbarkeit des Systemumfelds zu bekommen. Die Workshops sollten dabei gut vorbereitet sein.

Nachstehende Fragelisten geben Anhaltspunkte, welche Fragestellungen beantwortet werden sollen. Die eigenen Fragen sollten an die individuelle Situation des eigenen Unternehmens angepasst sein. Nur so können qualifizierte und brauchbare Antworten erhalten werden! Bereiten Sie auch vor, welche Antworten Sie erwarten, um die Sachlage einschätzen zu können, bzw. überlegen Sie, wie Sie die tatsächliche objektive Qualität der Antworten verifizieren können.

CHECKLISTE: Auswahl einer risikobehafteten Aktivität mit direktem Zusammenhang

Wählen Sie eine besonders risikobehaftete Aktivität in einem Unternehmensbereich aus, die direkt mit der Rechnungslegung, der Berichterstattung, der Kunden- bzw. Lieferantenabrechnung oder der Lohnbuchhaltung in Zusammenhang steht, und stellen Sie folgende Fragen an die ausführenden Personen und deren Vorgesetzte:

- Ist der Belegfluss in dem Prozess rund um diese risikobehaftete Aktivität nachvollziehbar?

- Wie ist die Gesamtprozesssicht des Ausführenden bzw. dessen Vorgesetzten? Um welchen Prozess handelt es sich und welchen Zweck verfolgt er?

- Auf welcher Basis (Arbeitsanweisung, Prozess, Zuruf etc.) wird diese Aktivität durchgeführt?

- Welche risikobehafteten Aktivitäten gibt es nach Ihrer Auffassung noch im betrachteten Bereich? Wer führt diese aus?

Besprechen Sie mit den nun ermittelten und in den Prozess involvierten Mitarbeitern folgende Themen:

- Wird die Funktionstrennung in diesem Prozess eingehalten?

- Kennen die Ausführungsverantwortlichen die Normen (vor allem Gesetze), nach denen sie sich richten müssen, um die unterschiedlichen Risiken im Unternehmen und für das Unternehmen so gering wie möglich zu halten?

- Haben Sie das Gefühl, dass die Normen richtig angewandt werden? Gibt es die Möglichkeit, dies zu überprüfen?

- Haben Sie zu allen Normen bzw. Gesetzen Zugang, die die Ausführung der jeweiligen Aktivitäten betreffen?

- Wie werden Sie informiert, wenn sich diese Vorgaben ändern?

CHECKLISTE: Auswahl einer risikobehafteten Aktivität mit nicht direktem Zusammenhang

Wählen Sie eine besonders risikobehaftete Aktivität in einem Unternehmensbereich aus, die nicht direkt mit der Rechnungslegung, der Berichterstattung, der Kunden- bzw. Lieferantenabrechnung oder der Lohnbuchhaltung in Zusammenhang steht, und stellen Sie folgende Fragen an die ausführenden Personen und deren Vorgesetzte:

- Wer ist für risikobehaftete Aktionen durchführungs- und entscheidungsverantwortlich?
- Kennt der jeweilige Verantwortliche die Risiken, die damit in Verbindung stehen?
- Wer trägt die Verantwortung für die möglichen (Folge-)Wirkungen (Trennung von Entscheidungs- und Durchführungsverantwortung)?
- Ist dem jeweiligen Verantwortlichen bewusst, welche Wirkung und etwaige Folgewirkung ein schlagend werdendes Risiko für ihn selbst, das Unternehmen und Dritte haben kann (Besorgungsgehilfenhaftung versus Haftung bei [grober] Fahrlässigkeit; vgl. § 1315 ABGB, 2011)?
- Weiß der Ausführungsverantwortliche, welche Risiken er eingehen darf und an welchem Punkt er seine Kompetenzen überschreitet?

Sprechen Sie getrennt mit einer Person im Unternehmen, die Personalverantwortung hat, und bestmöglich mit einer Person, die verantwortlich für die Personalverwaltung ist. Stellen Sie in beiden Interviews jeweils folgende Fragen:

- Gibt es ein konsistentes Zielsystem, das sicherstellt, dass definierte risikopolitische Ziele nicht gegen andere Ziele im Unternehmen laufen?
- Sind Bereichs- und Mitarbeiterziele so definiert, dass die Einhaltung durch den jeweiligen Mitarbeiter bzw. die Mitarbeitergruppe eines Bereichs möglich ist?

Stellen Sie die Antworten einander gegenüber und analysieren Sie so, wie das Zielsystem aus Sicht der Verwaltung und aus Sicht der Systemanwender gesehen wird.

CHECKLISTE:

Sprechen Sie mit einer Person der Geschäftsleitung und stellen Sie folgende Fragen:

- Gibt es eine den Unternehmensanforderungen angepasste transparente Organisation der Sitzungen der Geschäftsleitung? Welche Aufzeichnungen gibt es darüber?

- Wird (wenn nötig) allen organisatorischen Anforderungen laut dem URÄG in Österreich bzw. KonTraG in Deutschland Rechnung getragen (in Abhängigkeit der Unternehmensform: Installierung eines Prüfungsausschusses, Bekenntnis zum CG-Kodex, Nachweis der Unabhängigkeit des Rechnungsprüfers)? Gilt nur für Unternehmen, für die die Risikomanagement- und IKS-Bestimmungen des URÄG Anwendung finden.

- Ist die entsprechende Transparenz der wesentlichen Handlungen der einzelnen Geschäftsführer so sichergestellt, dass die kollektive Verantwortung der Geschäftsführung wahrgenommen werden kann?

- Gibt es einen Geschäftsverteilungsplan? Wie sind die Verantwortungen der Geschäftsleitung und etwaiger Prokuristen aufgeteilt? Ist der Geschäftsverteilungsplan eindeutig? Ein Geschäftsverteilungsplan regelt die Aufteilung der Zuständigkeiten bei mehreren Geschäftsführern, Beispiel: CFO, CEO, COO, CIO.

- Ist der Geschäftsverteilungsplan mit einer etwaigen Konzernplanung, -steuerung und -kontrolle konsistent?

- Wie soll in Zukunft sichergestellt werden, dass das Management für die effiziente Ausgestaltung des IRMS Verantwortung übernehmen kann (Informationsfluss, Eskalationsebenen)?

- Ist eine Vision und Mission für das Unternehmen definiert und kommuniziert?

- Gibt es definierte strategische und operative Ziele?

- Wird regelmäßig ein Strategie-Monitoring durchgeführt?

Fragen Sie zu den Themen Ziele und Visionen auch ein bis zwei beliebige Mitarbeiter, die Sie z. B. im Zuge anderer Fragestellungen interviewen. Stellen Sie die Antworten einander gegenüber und analysieren Sie so, wie das Zielsystem aus Sicht der Geschäftsführung und aus Sicht der Mitarbeiter gesehen wird.

Sprechen Sie mit einer Person der Geschäftsleitung (und einer etwaigen internen Revision, wenn vorhanden) und stellen Sie folgende Fragen:

- Welche Kontrollorgane (interne Revision, Aufsichtsrat, Abschlussprüfer, Prüfungsausschuss etc.) gibt es im Unternehmen?
- Sind alle Kontrollorgane, die im Unternehmen laut Gesetz vorhanden sein sollen, auch tatsächlich installiert?
- Ist die Tätigkeit der Kontrollorgane entsprechend organisiert, dokumentiert und transparent?
- Wird dem/den etwaigen Kontrollorgan(en) regelmäßig, zeitnah und ausreichend Bericht erstattet?
- Wie wird die Unabhängigkeit der Kontrollorgane sichergestellt (z. B. dass zwischen dem Unternehmen und dem Abschlussprüfer keine unerlaubten Verflechtungen bestehen)?

Sprechen Sie mit einer Person, die mit der Organisationsentwicklung bzw. der Verwaltung im Unternehmen beauftragt ist, und stellen Sie folgende Fragen zur Aufbau- und Ablauforganisation:

- Ist ein den Ansprüchen des Unternehmens angepasstes Organigramm vorhanden (bei größeren Unternehmen) bzw. (bei kleineren Unternehmen) eine Darstellung oder Dokumentation darüber, wer in wichtigen Fällen für definierte Fragestellungen verantwortlicher Entscheidungsträger ist?
- Durch welchen Vorgang ist sichergestellt, dass alle Mitarbeiter ihren Verantwortungsbereich im Organigramm und ihre Rollenverantwortung, Kompetenz und Pflichten kennen?
- Gibt es Aufzeichnungen über das Verständnis der ausführenden Personen darüber, wofür sie verantwortlich sind bzw. wo deren Kompetenzen beginnen und enden. Deckt sich ihr Verständnis mit dem ihrer Vorgesetzten?
- Sind Handlungs- und Unterschriftsvollmachten über die gesetzlichen Anforderungen der Firmengründung und -auflösung hinaus schriftlich fixiert (z. B. Investitionsfreigaben, Bestellfreigaben, Kündigungen etc.)?
- Sind Stabsfunktionen laut Definition als solche im Unternehmen tatsächlich existent und von Linienfunktionen scharf getrennt?
- Gibt es Stellvertreterregelungen?
- Sind die Prozesse der wichtigsten Finanzströme identifiziert und durchgängig dokumentiert, sodass für einen Dritten ersichtlich ist, wie sich die Hauptgeschäftsfälle in der Bilanz niederschlagen?

- Gibt es in Ihrem Unternehmen ein spezialisiertes Prozessteam oder Experten, die für die Richtigkeit und die Aktualität der Prozesse verantwortlich sind?
- Gibt es ein bestehendes Berechtigungskonzept für die Nutzung von IT-Systemen?
- Gibt es eine Regelung über den Umgang mit Verträgen?
- Gibt es Vorgaben zur Qualität des Berichtswesens nach definierten Kriterien wie Adressatenorientierung, Aktivitätsausrichtung, Konsistenz etc.?
- Ist derzeit sichergestellt, dass alle Rechtsvorschriften (Gesetze, Verordnungen etc.) vollständig erfüllt werden? Wer kümmert sich darum?

Die Qualität und Brauchbarkeit der bestehenden Elemente der Organisationsentwicklung, der verwaltungstechnischen Instrumente und Regeln des Zusammenlebens im Unternehmen – egal, wie wir es auch nennen – wird sich in Abhängigkeit davon ergeben, wie die Fragestellungen beantwortet wurden bzw. ob deren Richtigkeit und Konsistenz verifiziert werden konnte.

Folgende Voraussetzungen sollten nach Prüfung der Antworten erfüllt werden:

- Es existieren klare Verantwortungsregelungen zumindest für wesentliche Aktivitäten im Unternehmen. Diese sind
  - definiert und aktuell,
  - werden gekannt, verstanden und akzeptiert,
  - werden eingehalten und
  - widersprechen sich nicht.
- Sie enthalten
  - die Beschreibung der Rechte und Pflichten,
  - notwendige Skills des Akteurs und
  - die definierte Berichts- und übergeordnete Weisungsebene.
- Die definierten Rollen (Rechte und Pflichten, Berichtsebenen) widersprechen nicht den Weisungsbefugnissen in definierten Prozessen oder anderen Dokumenten (z. B. Arbeitsanweisungen).
- Die wesentlichen Abläufe, die wichtig für die Prüfung des Internen Kontrollsystems sind, sind entsprechend den Anforderungen darge-

stellt und erfüllen die im Unternehmen definierten Transparenzkriterien. Folgende Prozesse sind in der Regel als wesentlich zu betrachten:

- Lohnbuchhaltung,
- Ausgangsrechnungsabwicklung,
- Eingangsrechnungsabwicklung,
- Investitionsabwicklung,
- Periodenabschluss (inklusive Inventur-, Abschreibungs-, Abgrenzungs-, Rücklagenabwicklung).

- Die Abläufe sind zumindest so genau dargestellt, dass eine Funktionstrennung zwischen
  - Beauftragung,
  - Genehmigung,
  - Durchführung,
  - Verbuchung/Verwaltung,
  - Bezahlung und
  - Kontrolle

  erkennbar ist bzw. als fehlend oder fehlerhaft identifiziert werden kann.

- Eine aktuelle Normensammlung ist vorhanden. Es ist sichergestellt, dass
  - betreffende Mitarbeiter über die geltenden Gesetze und Normenänderungen zeitgerecht informiert werden,
  - die jeweiligen Normen verstanden und richtig umgesetzt werden,
  - strategische und operative Ziele, Bereichs- und Mitarbeiterziele sind
    - dokumentiert,
    - kommuniziert,
    - verstanden und
    - erreichbar (realistisch)

Bei Nichterfüllung der dargestellten Anforderungen muss überlegt werden, ob in die Ausgestaltung bestehender Systeme eingegriffen wird bzw. diese umgestaltet werden, um sinnvoll für angrenzende Systeme genutzt werden zu können.

HINWEIS: Die Änderungen von bestehenden und gut funktionie-
renden Systemen zugunsten anderer Systeme können unter
Umständen Probleme kultureller Natur nach sich ziehen! Überlegen
Sie genau, ob Sie Ihre Mitarbeiter verärgern wollen, indem Sie gut
funktionierende Workflows und Teams für eine neue Struktur oder
einen Ablauf opfern. Finden Sie einen Mittelweg zwischen den Vorsätzen „Never change a winning team" und „Never say never". Kurzfristige Effizienzvorteile erweisen sich nicht selten als Kostenfallen
(z. B. Mitarbeiterfluktuation bzw. innere Kündigung, erhöhte Sicher-
heitskosten, Ineffizienzen in vormals effizient geführten Systemen
und Prozessen etc.).

Zusammenfassend kann gesagt werden, dass ein lebbares Risikoma-
nagement- und Internes Kontrollsystem nur langfristig erfolgverspre-
chend sein kann, wenn es neben – oder besser im Einklang mit – allen
anderen Systemen im Unternehmen genutzt wird. Die unter Umständen
notwendige Verbesserung der Qualität der angrenzenden und zur Implementierung und Nutzung eines Risikomanagement- und Internen Kontrollsystems notwendigen Instrumente ist entsprechend im Umsetzungsprojekt zu berücksichtigen.

 HINWEIS: Vorsicht! Halten Sie Ihr laufendes Implementierungsprojekt im definierten Rahmen. Ungeplante Projekterweiterungen, die
andere Systeme bzw. Steuerungselemente betreffen, sind zwar
wahrscheinlich notwendig, betreffen aber eigene Projekte im Sinne
des Projektmanagements. Ungenaue Abgrenzungen führen in der
Organisationsentwicklung nicht selten zu „Unendlichprojekten" mit
all ihren negativen Folgen. Projekte werden als „never-ending story"
ohne Projektzielerreichung wahrgenommen. Sie sind „erfolglos",
weil das ursprüngliche Ziel nie erreicht wird, und verursachen eine
entsprechende Demotivation der Projektmitarbeiter.

4.2.3 Schritt 2 – Definition der risikopolitischen Grundsätze

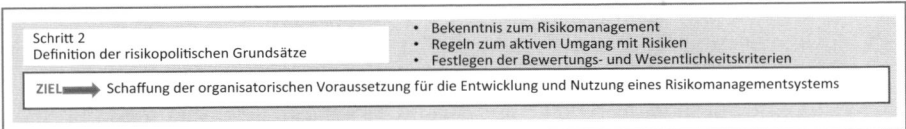

Im Sinne der allgemeinen Begriffserklärung sind Risiken bzw. Schadensfälle negative Abweichungen vom Zielwert. Eine Grundvoraussetzung für die Identifikation und die Steuerung der etwaigen Risiken ist die Kenntnis der Ziele, die unter Umständen von potenziellen Risiken bedroht sein können.

Aus einschlägigen Normen (ISO 9001, ISO 31000, ONR 4900x, ISO 14001, OHSAS 18001 etc.) kann eine Zielepyramide, die im Sinne eines integrativen Ansatzes – von oben nach unten und von unten nach oben – unterschiedliche Zielebenen definiert, die miteinander im Einklang stehen sollen, abgeleitet werden (Bild 4.3).

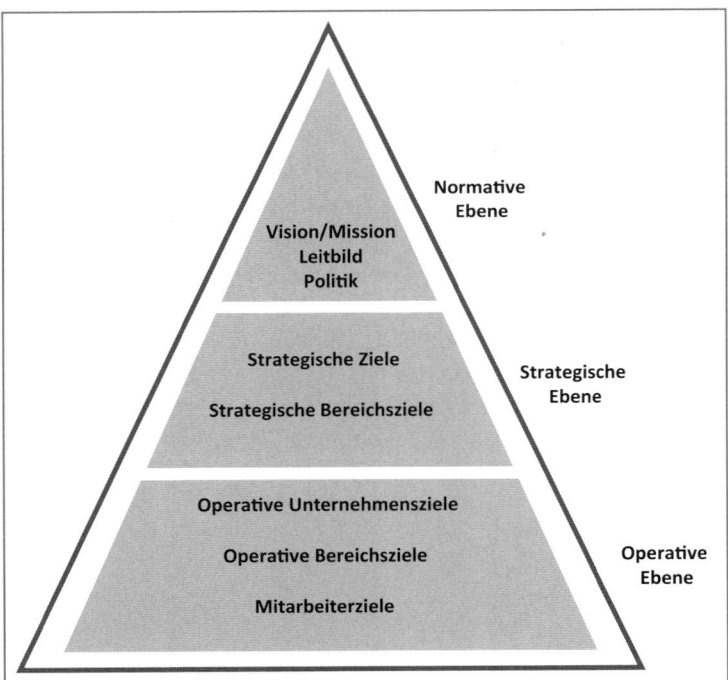

Bild 4.3 Die Zielpyramide zur Ausrichtung und Steuerung eines Managementsystems

Die **Mission und Vision** stehen an der Spitze der Zielpyramide einer Organisation. Sie befinden sich auf der sogenannten normativen Ebene – also der vorgebenden, bestimmenden Ebene. Mit der Definition der Vision und Mission soll die Frage nach dem besonderen Unternehmenszweck beantwortet werden. Dies wird meist in Slogans formuliert, die entweder den als negativ wahrgenommenen typischen Merkmalen einer Branche widersprechen sollen oder ein besonders positives Merkmal des Unternehmens im Vergleich mit anderen hervorheben. Beispiele dafür können das Anbieten einer „Versicherungsleistung, die durchschaubar ist", sein oder eine „Bankdienstleistung von Mensch zu Mensch". Slogans verfolgen demnach auch klassische Marketingziele.

Manche Organisationen erstellen zusätzlich ein **Leitbild**. Es ist als Kommunikationsinstrument gedacht und soll die grundlegende Ausrichtung des Unternehmens und die zur Zielerreichung notwendige Einstellung des Managements und der Mitarbeiter definieren. Es entspricht der Vision und Mission des Unternehmens und richtet sich an Mitarbeiter, Kunden und andere Stakeholder. Kommunizierte Leitbilder verfolgen klassische Motivationsziele.

Die **Unternehmenspolitik** gibt die Rahmenbedingungen für die Unternehmenszielerreichung vor. Sie ist aus Sicht der Unternehmenstheorie auch Teil der normativen Ebene. Sie beantwortet die Frage nach den Voraussetzungen dafür, dass aus der Ableitung einer Vision und Mission strategische und operative Ziele definiert werden können. Sie definiert die Grundsätze, die eingehalten werden müssen, um diese Ziele zu erreichen. Beispiele hierfür können sein:

- die Definition einer besonderen Qualitätswahrnehmung und -sicherstellung in Form von „qualitätspolitischen Grundsätzen" oder
- die Definition von monetären Grenzen für die Einordnung von wesentlichen Risiken im Unternehmen in „risikopolitischen Grundsätzen".

Viele weitere Beispiele sind denkbar. Die einzelnen Grundsätze, die der Anwendung unterschiedlicher Steuerungssysteme (Qualität, Prozess, Risiko, Projekt etc.) zugrunde liegen und die immer dieselben Unternehmensziele erfüllen sollen, sind im Idealfall in einer Unternehmenspolitik zusammengefasst und widersprechen sich nicht.

HINWEIS: Weniger ist mehr!

Ein Hauptproblem vieler Politiken als Rahmenbedingung für die Erfüllung von Unternehmenszielen durch die Umsetzung von Steuerungsmaßnahmen ist die Komplexität! Der Versuch, alle Aspekte einer Organisation darin abzudecken, scheitert meist dahin gehend, dass allumfassende und komplizierte Dokumente „in der Schublade verschwinden". Konzentrieren Sie sich auf wenige, aber „wesentliche" Aspekte und formulieren Sie dort sauber und durchgängig!

Ausgehend von der als eher generell zu bezeichnenden Sicht der Vision, der Mission, des Leitbilds und der Unternehmenspolitik ist es Aufgabe der Führung der Organisation, daraus konkrete Zielvorstellungen abzuleiten. Diese sollen in letzter Konsequenz in Maßnahmen münden, die von den Mitarbeitern umgesetzt werden können. **Strategische Ziele** bilden dabei das Bindeglied zwischen normativer und operativer Ebene (vgl. dazu Bild 4.3).

Aus der definierten Unternehmenspolitik werden strategische, also langfristige Ziele abgeleitet. Im Idealfall ist aus der messbaren operativen Zielerreichung der jeweilige Grad der strategischen Zielerreichung ableitbar. Keine Ebene ist für sich allein gestellt zu betrachten – die übergeordnete Ebene widerspricht der untergeordneten nicht. Das gilt auch umgekehrt. Ein aus vertikaler Sicht „integratives" Denkschema ist auch hier zugrunde gelegt.

Strategische Ziele beantworten die Frage nach dem, was die Organisation über den Zeitraum eines einzigen Geschäftsjahres hinaus konkret erreicht haben soll. Strategische Ziele sind von langfristiger Natur. Sie geben allen Mitarbeitern – also allen operativ Entscheidungs- und Ausführungsverantwortlichen im Unternehmen – Meilensteine vor, an denen sie sich orientieren können. Operative Ziele sind kurzfristige Ziele, die erfüllt werden müssen, um langfristige – also strategische Erwartungen – erfüllen zu können.

Risikopolitische Grundsätze sind als Teil der Unternehmenspolitik zu sehen. Sie bilden das Fundament zur Abwicklung des gesamten Risikomanagementprozesses. Sie legen den Rahmen fest, der die Abwicklung des Risikomanagementprozesses bestimmt. Es wird z.B. definiert, welche Risikobereiche prioritär untersucht werden sollen, wie Risiken bewertet werden sollen, welche Steuerungsmaßnahmen angewandt werden sollen bzw. dürfen und wie das System intern oder extern revidiert werden soll.

Alle unternehmenspolitischen Grundsätze spiegeln Verhaltensregeln und Rahmenbedingungen zur Erreichung bzw. zur Einhaltung der Vision und Mission und der strategischen und operativen Ziele wider. Die risikopolitischen Grundsätze als Teil der Unternehmenspolitik entsprechen demnach der Positionierung der Organisation zum Thema Chancen/Gefahren innerhalb der eigenen Organisation.

Laut ISO 31000 definiert die Risikopolitik die Grundsätze einer Organisation zum Thema Risikomanagement sowie die Verpflichtung zu Risikomanagement und beinhaltet folgende, in der Norm 4.3.2 aufgezählten Punkte zur „Festlegung der Risikomanagementpolitik:

- Die Risikomanagementpolitik sollte die Ziele und das Engagement der Organisation für das Risikomanagement klar darlegen und in der Regel folgende Aspekte behandeln:
  - Verknüpfungen zwischen den Zielen und Politiken der Organisation und der Risikomanagementpolitik,
  - Verantwortlichkeiten und Zuständigkeiten für die Behandlung von Risiken,
  - Vorgehensweise bei Interessenskonflikten,
  - Verpflichtung zur Bereitstellung der erforderlichen Ressourcen zur Unterstützung der für die Behandlung von Risiken zuständigen und verantwortlichen Personen,
  - Modalitäten der Messung der Leistung des Risikomanagements und der Berichterstattung darüber,
  - Verpflichtung zur Überprüfung und Verbesserung der Risikomanagementpolitik und des Rahmens in regelmäßigen Intervallen sowie aufgrund von Ereignissen oder Entwicklungen.
- Die Risikomanagementpolitik sollte entsprechend kommuniziert werden."

Dieser Rahmen ist zwar klar abgesteckt, aber dennoch lässt er ausreichend Spielraum für eine praktikable Art der Formulierung von risikopolitischen Grundsätzen – angepasst an die Unternehmensumstände.

CHECKLISTE: Inhalt der risikopolitischen Grundsätze

Risikopolitische Grundsätze sollen mindestens folgenden Inhalt haben:

- Aussage der Unternehmensleitung zum Risikomanagement in der eigenen Organisation,
- definierte Erwartungen an das Risikomanagement bzw. Ziele, die durch Risikosteuerungsinstrumente erreicht werden sollen (IRMS-Ziele und Erwartungen des Managements),
- Festlegung des Geltungsbereichs des Risikomanagementsystems,
- Nennung der Risikogruppen, die im Hauptfokus stehen wie bestimmte Projektrisiken, Prozessrisiken etc.,
- Definition von Betrachtungsobjekten (ganzes Unternehmen, Teil eines Unternehmens, bestimmte Projekte etc.),
- Festhalten der definierten Wesentlichkeitskriterien,
- Festlegung der (Grundlagen für die) Bewertungskriterien von Risiken,
- Definition eines etwaig angestrebten Ratings,
- Verantwortung und Kompetenzfestlegung im Zusammenhang mit dem Risikomanagementsystem (Risikomanager, Risk Owner, Aufgabe der Prozessverantwortlichen im Zusammenhang mit dem Risikomanagementsystem),
- Entscheidungskriterien zum Abwägen von Rendite und Risiko (etwaige Vorgaben von einzuhaltenden Kalkulationsmethoden),
- Obergrenzen für den Umfang einzelner Risiken und den Gesamtumfang der Risiken bzw. erforderliche Eigenkapitalausstattung der Organisation,
- Definition von Risikoschwellen.

In Jahresberichten finden sich oft kurze Beschreibungen der Grundidee des Risikomanagements im Unternehmen. Beispiele hierfür können sein:

- „Wir betreiben unser Risikomanagementsystem, um Gefahren frühzeitig zu erkennen und sich daraus ergebende Chancen zu steuern."
- „Sich den Risiken zu stellen, deren Auftreten zu vermeiden und im Falle des Eintritts vorbereitet darauf zu reagieren ist unser oberstes Ziel."

- „Das Ziel unseres Risikomanagementsystems sind die Risikovermeidung für unsere Kunden und unsere Mitarbeiter und die Sicherstellung, dass aus Gefahren Chancen werden."
- „Die mit Chancen zwangsläufig einhergehenden Gefahren werden nur dann eingegangen, wenn sie zuvor objektiv beurteilt wurden."

Diese haben vorwiegend kommunikationstechnischen Charakter. Sie ersetzen jedoch nicht definierte risikopolitische Grundsätze bzw. ein eindeutiges Bekenntnis der Geschäftsführung im Sinne eines Leitbildes – z. B. in Form von Slogans formuliert!

Festlegen der Wesentlichkeitskriterien

Die **wesentlichen Risikobereiche** im Unternehmen und **monetäre Risikoschwellen** sollten explizit in den risikopolitischen Grundsätzen erwähnt werden. In Abhängigkeit davon, wie die Umsetzungsplanung der Ziele und deren Umsetzung selbst im Unternehmen (organisatorisch bzw. systemisch) gestaltet sind, werden sich wesentliche Bereiche logisch herauskristallisieren, die für die Zielerreichung wichtig sind. Es kann sich hier um unterschiedliche Prozesse handeln (z. B. Rechnungslegungsprozess bei Unternehmen mit entsprechenden Anforderungen aufgrund der Kapitalmarktnähe) oder um eine oder mehrere Abteilungen (z. B. IT-Abteilung bei Unternehmen mit digitaler Zahlungsabwicklung im Internet) oder um einzelne Stellen bzw. Funktionen (z. B. Schlüsselpositionen im Forschungsbereich mit großer Bündelung des Know-hows bei einer oder wenigen Personen). Welche organisatorischen Bereiche besondere Beachtung verdienen, ist abhängig davon, was besonders wichtig ist, um die Einhaltung folgender Anforderungen zu gewährleisten:

- Die Sicherstellung der Weiterführung der Geschäfte im Unternehmen bzw. der rechtlichen und wirtschaftlichen Existenz des Unternehmens.
- Die Sicherstellung der Produktivität und Effizienz im Unternehmen.
- Die Sicherstellung der rechtskonformen Handhabung mit allen Aktivitäten im Unternehmen.

Diese Anforderungen decken sich im Idealfall mit der Anforderung an die definierten IRMS-Ziele.

HINWEIS: Achtung! Die Festlegung der Wesentlichkeitskriterien und der dadurch ableitbaren wesentlichen Betrachtungsbereiche im Rahmen der Definition der risikopolitischen Grundsätze sollte als erste Voraussetzung für ein systematisches Vorgehen in der Risikoidentifizierung erfüllt sein. Nicht alle Unternehmensbereiche können in gleicher Tiefe analysiert werden. Im Laufe der unterschiedlichen Workshops mit Entscheidungs- und Durchführungsverantwortlichen werden wahrscheinlich Risiken und Risikobereiche auftauchen, die auf den ersten Blick nicht ins Gewicht zu fallen scheinen. Diese können sich als Risikoursachen in gänzlich anderen als den zuerst identifizierten prioritären Bereichen befinden. Solche Risiken können oft durch das Management schlecht bis gar nicht beurteilt werden. Die in den risikopolitischen Grundsätzen vordefinierten wesentlichen Bereiche sind nach diesen weiterführenden Erkenntnissen zu vervollständigen. ∎

Die Definition von monetären Risikoschwellen für nicht tragbare Risiken, die unter Umständen die Weiterführung des Unternehmens verhindern, sind in die risikopolitischen Grundsätze aufzunehmen.

 TIPP: Es empfiehlt sich, sich an den gängigen Insolvenzkriterien Überschuldung und Illiquidität auszurichten. Insolvent ist ein Betrieb, wenn beide Sachverhalte eintreten – Überschuldung und Illiquidität. Im Sinne des Vorsichtsprinzips sollte für die Beurteilung von möglicherweise eintretenden Schadensfällen die Ausrichtung daran erfolgen, wie viel Kapital bereitgestellt werden müsste, um Überschuldung oder Illiquidität zu verhindern. ∎

Bei weiterführender genauerer Bewertung und Analyse werden unter Umständen noch Risiken auftauchen, die nicht Teil der besonders risikobehafteten Bereiche im Unternehmen sind, aber trotzdem die Erfüllung der genannten Anforderungen bzw. die Erreichung der definierten risikopolitischen Ziele gefährden.

Festlegen der Bewertungskriterien

 HINWEIS: In Abstimmung mit dem obersten Management sollten Bewertungskriterien für die zu betrachtenden Risiken festgelegt werden, die für das gesamte Projekt Gültigkeit haben! ∎

Als wesentliches Basisinstrument für die Beurteilung der einzelnen Risiken dient eine Bewertungsskala als Kombination aus **Schadensausmaß** und **Eintrittswahrscheinlichkeit**.

Für produzierende Betriebe – also Unternehmen, die materielle Güter anbieten – empfiehlt sich die klassische Wahrscheinlichkeitsbetrachtung im Sinne der statistischen Wahrscheinlichkeit in den wenigsten Fällen. Für Betriebe, deren Unternehmensgegenstand vollkommen oder teilweise finanzmarktgerichtet ist, werden Bewertungen von Ereignissen nach dem Maß der Erwartung, mit der dieses Ereignis eintritt – also der Wahrscheinlichkeit –, sinnvoll sein. Konkrete objektive und numerisch eindeutige, mathematisch berechnete und realistische Ergebnisse, die außerdem für alle Involvierten verständlich sind und gleich interpretiert werden, sind von einer Wahrscheinlichkeitsbewertung in der Praxis nicht zu erwarten.

Mehrere Probleme ergeben sich aus der Bewertung nach dem Maß der Erwartung des betrachteten Ereignisses – also der Wahrscheinlichkeit:

- Eine eindeutige mathematische Definition für Wahrscheinlichkeit fehlt.

Je nach Verfahren müssen mehrere subjektiv festgelegte Kriterien definiert werden (Anzahl der günstigsten Fälle, möglichst große und realistische Vergleichsmengen, Rahmenbedingungen etc.). Diese sind meist nicht bekannt und/oder unterliegen Schätzungen. Diese sind wiederum von einem subjektiven Informationsstand abhängig!

- Die richtige Interpretation der Ergebnisse widerspricht unter Umständen der menschlichen Intuition – Geburtstagsparadoxon, wonach die meisten Menschen ohne Kenntnis von statistischen Rechenverfahren grob falsche Schätzungen abgeben, wie hoch die Wahrscheinlichkeit in einer Gruppe von x Personen sei, dass zwei Personen am selben Tag Geburtstag haben (Knuth 1998).

Es zeigt sich in der Praxis, dass vor allem für immer wiederkehrende, intern durchgeführte Handlungen einfache Eintrittshäufigkeiten in Bezug auf eine definierte Grundmenge leichter zu definieren und zu interpretieren sind. Auch diese Häufigkeiten unterliegen Rahmenbedingungen, die den Eintritt oder Nichteintritt bzw. die Höhe des Schadens beeinflussen. Der Einfachheit wegen empfiehlt es sich, bei immer wiederkehrenden Handlungen lediglich die (geschätzte oder erhobene) Anzahl der (tatsächlich erhobenen) Vorkommnisse den festgelegten Betrachtungsmengen gegenüberzustellen, um eine erste Risikoeinschätzung abgeben zu können. Die Rahmenbedingungen sollten bei einer weiteren Betrachtung und Analyse bzw. bei Definition der Risikoabwehrmaßnahmen miteinbezogen werden!

Eine weitere Möglichkeit der Bewertung des Risikos in Kombination mit dem Schadensausmaß stellt der Wirkungszeitraum zwischen dem Eintritt des Risikos und dem Eintritt des Schadens bzw. dem Spürbarwerden des Schadens – also der Schadensfolge – dar. Dies entspricht dem Zeitraum, der für die Reaktion zur Verfügung steht, um nach dem Eintritt des Risikos bzw. der Risikoursache durch den Einsatz von Risikosteuerungsmaßnahmen einem möglichen Schaden und Folgeschäden entgegenzuwirken.

Bei Risiken, die nicht durch interne Handlungen verursacht werden bzw. nur indirekt in ihrer Wirkung auf das Unternehmen beeinflussbar sind, ist aber auch die Bewertung durch Häufigkeiten denkbar. Die Auswahl des sinnvollen Kombinationskriteriums hängt oft davon ab, welche Maßnahmen in Folge zur Risikominderung als sinnvoll betrachtet werden.

 TIPP: Beispiel für die Auswahl des oder der Kriterienkombinationen mit dem Schadensausmaß

Belieferung der Filialen aus dem Hauptwerk bei starkem Schneefall bzw. Unwetter:

1 Aufgrund der längeren Anfahrtszeiten muss im Werk schneller beladen werden. Mehr Personal muss kurzfristig zur Verfügung stehen. Daraus entsteht ein monetärer Aufwand, der als potenzieller Schaden zu berücksichtigen ist. Dies wirkt sich sofort aus. Die Wirkung muss also schnellstmöglich behoben werden.

→ Auswahl des Kriteriums Wirkungszeitraum ist sinnvoll.

2 Anfahrt ist durch das Wetter so beeinträchtigt, dass nicht zeitgerecht in die Filialen geliefert werden kann. Daraus ergibt sich möglicherweise ein Umsatzverlust als potenzieller Schaden. Dieser kann jedoch z. B. durch spätere Aktionen zumindest minimiert werden.

→ Auswahl des Kriteriums Häufigkeit ist sinnvoll.

Auch eine Kombination mit dem Kriterium Entdeckbarkeit ist denkbar. Schwer erkennbare Schäden werden oft erst spät behoben, was Folgeschäden nach sich ziehen kann, die weitere Kosten oder Gefahren bergen.

Können einem Risiko unterschiedliche Bewertungskriterien zugeordnet werden, sind beide Werte in die Skala einzutragen. Vor allem für die Priorisierung von Risiken ist dies essenziell. Ein Risiko kann, bewertet mit einem Kriterium, vernachlässigbar scheinen, aber unter Umständen gravierende Auswirkungen auf den Unternehmensfortbestand bzw. das -vermögen haben, wird es mit anderen Kriterien bewertet (Vergleich dazu Schritt 4 Risikoanalyse). Bild 4.4 zeigt ein Beispiel einer entsprechenden Bewertungsmatrix.

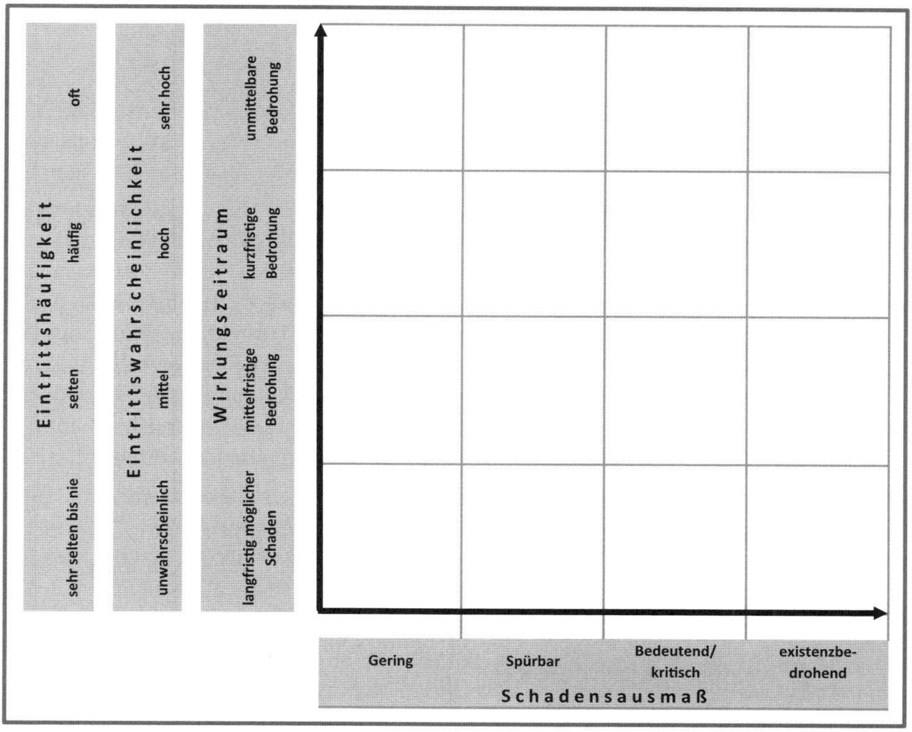

Bild 4.4 Beispiel einer Risikobewertungsmatrix

CHECKLISTE: Ausprägungsformen des Kriteriums Eintrittshäufigkeit in x von n Fällen

- sehr selten bis nie
- selten
- häufig
- oft

CHECKLISTE: Ausprägungsformen des Kriteriums Eintrittswahrscheinlichkeit – ausgedrückt in Prozent

- unwahrscheinlich
- mittel
- hoch
- sehr hoch

 CHECKLISTE: Ausprägungsformen des Kriteriums Wirkungszeitraum

- langfristig möglicher Schaden
- mittelfristig möglicher Schaden
- kurzfristige Bedrohung
- unmittelbare Bedrohung

Welche Zahlen hinter den diversen Kriterienausprägungen stehen, ist vorab zu definieren, damit eine eindeutige Zuordnung und Einteilung durch die bei der Bewertung und Analyse mitwirkenden Personen durchgeführt werden kann. Dies ist in die risikopolitischen Grundsätze aufzunehmen!

Beim Kombinationskriterium Schadensausmaß wird es sich in den meisten Fällen um den klassischen monetären Schaden handeln. Aber auch andere Kriterien des Schadensausmaßes sind denkbar:

 CHECKLISTE: Stufenförmige Ausprägungsformen des Schadens an Leib und Leben

- kein Gesundheitsschaden
- möglicher negativer Einfluss auf Gesundheit
- negativer Einfluss auf Gesundheit nachweisbar
- nachhaltige Schädigung der Gesundheit nachweisbar

Die Auswahl der Kriterien bzw. die Einteilung der Kriterien, abhängig von der Stärke des Schadensausmaßes – mit hohem über mittleren bis niedrigen Schaden für das Unternehmen –, hängt stark von der Branche ab. In der Tabakindustrie werden andere Einteilungskriterien als im

Bereich der Nahrungsmittelproduktion für Kinder sinnvoll sein bzw. sich schon aus etwaigen rechtlichen Rahmenbedingungen ergeben.

 CHECKLISTE: Stufenförmige Ausprägungsformen des Schadens an der Marke

- minimaler (vernachlässigbarer) Imageschaden
- kurzfristiger Imageschaden
- mittel- bis langfristiger Schaden – Image wiederherstellbar
- Ablehnung der Marke

 CHECKLISTE: Stufenförmige Ausprägungsformen des Schadens für den Standort

- kurzfristig überbrückbare Störung der kontinuierlichen Produktion
- langfristig anhaltende Störung
- vorübergehende bis mittelfristige Schließung des Standortes
- Schließung des Standortes

 CHECKLISTE: Stufenförmige Ausprägungsformen des Schadens für die Mitarbeitermotivation

- kurzfristig und behebbar
- mit Aufwand behebbar
- behebbar; (eine wesentliche Anzahl der) Mitarbeiter beeinflussend
- nicht behebbar

Risikopolitische Grundsätze geben die Richtung für das System vor und sollten als Handbuch für das Vorgehen bei der Implementierung und im täglichen Geschäft der Risikosteuerung gesehen werden.

4.2.4 Schritt 3 – Risikoidentifikation und -bewertung

Schritt 3 Risikoidentifikation und -bewertung	• Risikogruppierung • Risikoidentifikation und -beschreibung • Risikobewertung und -aggregation
ZIEL➡ Darstellung der wesentlichen Risiken im Unternehmen	

Definition der Risikogruppen

Mithilfe der bestehenden Strukturen des Unternehmens können Risiken systematisch erfasst und möglicherweise auch Ansprechpartner identifiziert werden. Werden Risiken durch Handlungen im Inneren des Unternehmens verursacht bzw. sind diese internen Aktivitäten – also Handlungen, die durch Mitarbeiter im Rahmen der Ausführung ihrer Tätigkeit im Unternehmen durchgeführt werden – inhärent, so können sie leicht einer oder mehreren systematischen (oder organisatorischen) Einheiten des Unternehmens zugeordnet werden.

Dabei kann es sich um eine Abteilung, ein Projektteam, einen Prozess oder einfach um eine Funktion handeln. Aus der Umfeldanalyse (vgl. Schritt 1) sind unter anderem im Unternehmen erkennbare Abgrenzungen der unterschiedlichen Unternehmensbereiche hervorgegangen. Auf Basis der organisatorischen Einteilung des Unternehmens, die sich optimalerweise in einem Organigramm, einer Prozesslandkarte oder einer Projektübersicht abbildet, können – was die intern verursachten Risiken betrifft – direkt erste grobe Einteilungen der unternehmensinternen Risikobereiche (Risikogruppen) vorgenommen werden. Bestehende Unternehmenssteuerungsinstrumente können so optimal für die Risikogruppierung genutzt werden.

 CHECKLISTE: Risikogruppierung nach bestehenden Steuerungsinstrumenten

Folgende grobe Gruppierungen können auf Basis typischer Steuerungsinstrumente im Unternehmen vorgenommen werden:

- Gruppierung nach der Verantwortung in der Aufbauorganisation eingeteilt in
  - Produkte, Produktgruppen bzw. Dienstleistungen,
  - Projekte,
  - Funktionen,
  - Sparten,
  - Kunden bzw. Kundengruppen,

- Standorte,
- klassische Geschäftsbereiche wie Verwaltung, Beschaffung, Produktion, Personal und Finanzen.
- Gruppierung nach der Verantwortung in der Ablauforganisation in
  - Managementprozesse,
  - Kernprozesse,
  - unterstützende Prozesse.
- Gruppierung nach den definierten Unternehmens- bzw. Bereichszielen.

TIPP: Risikogruppierungen nach bestehenden Steuerungsinstrumenten haben den Vorteil, dass sich – sofern diese transparent und eindeutig aufgesetzt sind und gelebt werden – daraus Verantwortungsstrukturen ableiten lassen. Die richtigen Ansprechpartner für die Identifizierung, Analyse und Maßnahmenfindung sind so schneller gefunden.

CHECKLISTE: Weitere Risikogruppierungen

Neben der Gruppierung unter Zuhilfenahme bestehender Steuerungsinstrumente sind folgende andere Klassifikationen denkbar:

- Einordnung nach der Risikoursache (intern und extern verursachte Risiken, Man-made oder Naturereignis),
- Einordnung nach Risikowirkung (mit Ertrags-, Liquiditäts- und Vermögenswirkung, vgl. auch Untergruppen des Schadensausmaßes – Schritt 2),
- Risikogruppierung in sieben Gefahrengebiete (nach Brühwiler 2003):
  - Governance (Führung und Organisation),
  - Veränderung der Umweltfaktoren,
  - Kundensegmente und Märkte,
  - Produkte und Dienstleistungen,
  - operative Leistungsprozesse,
  - Fusionen und Übernahmen,
  - Fähigkeiten der Mitarbeiter.
- Risikogruppierung (mit Untergruppen) nach der Norm ONR 49002-1:2010.

Um innerhalb der Risikogruppen systematisch nach Risiken und deren Ursachen bzw. Wirkungen suchen zu können, wird es in der Praxis notwendig sein, Untergruppen zu bilden. Hilfreich ist es auch hier, auf bestehende Organisationselemente wie eine Prozesslandkarte oder ein Organigramm zurückzugreifen.

Die ONR 49002-1:2010 ist ein praxisorientierter Leitfaden für die Umsetzung der ISO 31000. Sie fokussiert unter anderem auf den Strategieprozess als Beispiel und führt dazu Risikogruppen an, die jeweils in Untergruppen aufgeteilt sind. *Führung* der Organisation fokussiert auf Themenbereiche wie die Funktionen der obersten Organe des Unternehmens, die Instrumente der Führung und strategische Themen, Reporting und Compliance (im Sinne rechtskonformen Verhaltens). Zu den *Veränderungen der Umfeldfaktoren*, die in den meisten Fällen nicht unmittelbar das Unternehmen beeinflussen, zählen unter anderem ordnungspolitische Rahmenbedingungen, Rechtssicherheit, Regulierung und Rohstoffmärkte. *Kundensegmente und Märkte* werden als eine Obergruppe gesehen, die sich auf Risikosachverhalte in den Bereichen Kundenzufriedenheit und -bindung, Abhängigkeiten, Wettbewerbssituation und Image bezieht. *Aktivitäten, Produkte und Dienstleistungen* fassen im Großen und Ganzen inhaltlich die Themen Produktinnovationen, Lebenszyklus, technologische Entwicklung, Innovations- und Änderungsmanagement, Vertragswesen und Projektmanagement in eine Obergruppe zusammen. Die Gruppe *operative Leistungsprozesse* fokussiert auf Risiken bei der Ausführung von internen Aktivitäten inklusive des Krisen- und Betriebskontinuitätsmanagements und des Managements von Umweltgefahren und der Arbeitssicherheit. Risiken im Bereich *Informationstechnologie* umfassen IT-Politik, -Projekte und -Betrieb. Einflussfaktoren, die die Finanzsituation beeinflussen (Liquiditätssituation, Marktpreis, Garantien, Steuern und sogenannte politische Risiken, womit sowohl externe politische Einflussfaktoren wie Verstaatlichung als auch andere aus Konfliktsituationen z. B. mit Kunden resultierende Risiken gemeint sind), gehören zu einer Gruppe von Risiken. Extra betrachtet werden Fragen des *Personalmanagements und der -entwicklung. Fusionen, Übernahmen und Partnerschaften* (Investmentbewertung, Vertragswerk, Kommunikation und Integration) sind nach dieser Norm als eigene Risikogruppe zu betrachten. Eine genaue Gruppierung ist der Norm in der aktuellen Letztfassung zu entnehmen.

Risikogliederung nach IRMS

In der Praxis zeigt sich, dass reine Formen der Gliederung (z. B. nur nach Prozessen) deshalb nicht zielführend sind, weil nicht alle (unter Umständen für das Risikomanagement- und Interne Kontrollsystem wesentlichen) Abläufe im Unternehmen als (zusammenhängender) Prozess gesehen werden, und daher kein eindeutiger Verantwortlicher zu identifizieren ist. Mischformen sind deshalb oft besser geeignet, wo in erster Instanz zwischen externen und internen Risiken getrennt wird. Diese werden dann in sinnvolle Untergruppen zerlegt.

 HINWEIS: Orientieren Sie sich an den Verantwortungsgruppen. Die Ansprechpartner, die ihre Risiken kennen, werden sie in Zukunft auch entsprechend steuern. In bestehende Systeme und Abläufe muss daher nicht eingegriffen werden. Sind eindeutige Verantwortungsstrukturen vorhanden, sollten sie so bleiben, wie sie sind.

 TIPP: Beschäftigt sich die oberste Führungsebene zu Projektbeginn intensiv mit dem Risikomanagement, zeigt sich in der Praxis eher das Bekenntnis der Mitarbeiter zur Systemimplementierung. „Das Management legt sich fest!" Bei entsprechender Projektkommunikation schlägt die Vorbildwirkung auf die potenziellen Mitwirkenden beim Implementierungsprojekt durch! Dies gilt auch für die später in die Steuerung der Risiken involvierten Mitarbeiter.

Externe Risiken, also Risiken, die durch unternehmensexterne Faktoren ausgelöst werden, sind in ihrer Eintrittswahrscheinlichkeit oft nur schwer beeinflussbar bzw. in ihrem Schadensausmaß überhaupt nur durch den Umgang mit Erfahrungswerten aus der Vergangenheit und sehr gute Managemententscheidungen steuerbar.

Die Eintrittswahrscheinlichkeit von Risiken, die den Gesetzen des Marktes folgen, ist meist aufgrund von Indikatoren – sofern vorhanden – gut einschätzbar. Deren Schadensmanagement ist durch das Wissen über übliche Ursache-Wirkungs-Zusammenhänge planbar und der Schaden in den meisten Fällen zumindest einschränkbar.

**CHECKLISTE: Risikoeintritt abschätzbar, Schadens-
ausmaß beeinflussbar**

Folgende Untergruppierungen für diese Art von externen Risiken
sind denkbar:

- allgemeine Nachfrage – Gesamtnachfrage im strategischen Sinn
- Nachfrage nach eigenen Produkten und Dienstleistungen bzw.
  Konkurrenzprodukten im strategischen Sinn
- Konkurrenzverhalten
- Finanzmarktentwicklung

Diese Einteilung ist beliebig erweiterbar bzw. den Unternehmensum-
ständen entsprechend adaptierbar.

Eine weitere Untergruppierung in Risiken, die in ihrer Eintrittswahrscheinlichkeit nicht beeinflussbar sind, scheint sinnvoll. Das Schadensausmaß kann in diesem Fall durch gutes Management bzw. entsprechende Versicherungen nur marginal begrenzt werden. Typischerweise
handelt es sich um Elementar- und politische Risiken, deren Eintritt
absolutem Zufall unterliegt.

 **CHECKLISTE: Risikoeintritt nicht abschätzbar, Schadens-
ausmaß beeinflussbar**

Folgende Untergruppierungen für diese Art von externen Risiken
sind denkbar:

- ordnungspolitische Rahmenbedingungen und Änderung der
  Grundrechtsverhältnisse
- plötzliche Umweltgefahren, die nur teilweise versicherbar sind

Es gibt Risiken – wie Kriegsgefahr oder andere elementare Risiken, vor
allem im Bereich von schweren Umweltkatastrophen –, die schlecht bis
nicht versicherbar sind. Diese Risiken sind in der Realität für das Unternehmen schwer einschätzbar und kaum beeinflussbar und deshalb unter
Umständen schlicht zu akzeptieren. Bild 4.5 zeigt die unterschiedlichen
Untergruppierungen der externen Risiken im Überblick.

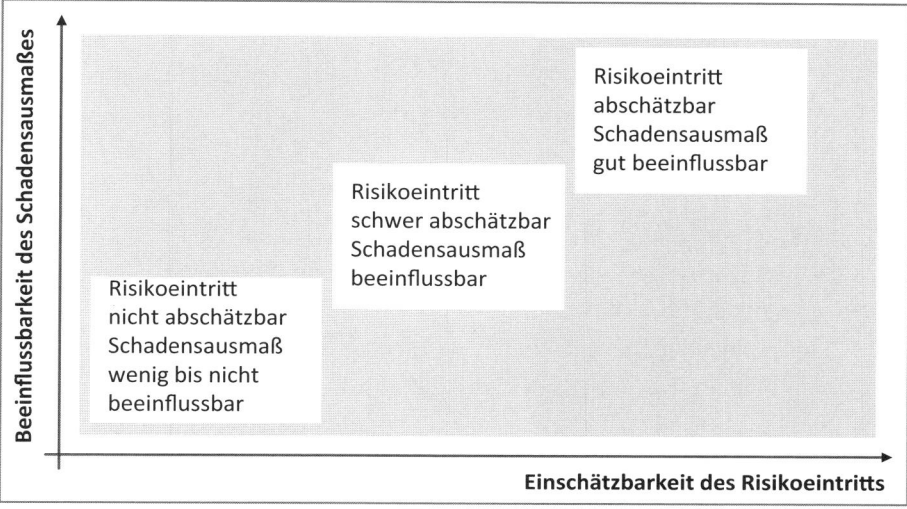

Bild 4.5 Untergruppierung der externen Risiken

Aus organisatorischen Gründen sollten für **operationelle Risiken** Risikogruppierungen so vorgenommen werden, wie Verantwortungen „gruppiert" sind. Operationelle Risiken sind **interne Risiken**, die durch interne Handlungen der Ausführungs- und Entscheidungsverantwortlichen beeinflussbar sind. Unter Zuhilfenahme der bestehenden Organisationselemente werden Risikogruppen in Anlehnung an im Unternehmen bestehende Systemeinheiten gebildet. Solche Systemeinheiten können Prozesse, Abteilungen, Funktionen (wie etwa eine Stabsstelle), Projekte und Programme, Standorte, Produkte, Verwaltungsbereiche und vieles mehr sein.

 HINWEIS: Es empfiehlt sich, zumindest was die Gruppierung der IKS-Risiken betrifft, dass diese an Prozesse angelehnt wird. Das Interne Kontrollsystem sieht die Einbindung der Steuerungsmaßnahmen als sogenannte übergeordnete bzw. präventive und detektive Kontrollen in den Prozess vor. ▪

 CHECKLISTE: Operationelle (interne) Risiken

Eine sinnvolle Gruppierung und entsprechende Untergruppierungen für operationelle Risiken können demzufolge sein:

- Übergeordnete Risiken, die in der Regel keinem Prozess zuordenbar sind:
  - Kommunikation intern und extern
  - interne Organisation

- Vertragswerk allgemein
- Umwelt- und Arbeitssicherheit
- Risiken, die Prozessen zuordenbar sind:
  - Managementprozesse
  - Kernprozesse
  - unterstützende Prozesse
- Finanzprozessbezogene Risiken, die Einfluss auf den Rechnungslegungsprozess haben:
  - Lohnbuchhaltung
  - Eingangsrechnungsabwicklung (Purchase to Pay)
  - Ausgangsrechnungsabwicklung (Order to Cash, gesamter Ablauf der Ausgangsrechnungsabwicklung, also alle Aktivitäten von der Anfrage eines Kunden zur Bezahlung der Rechnung, der Abführung der Umsatzsteuer und der entsprechenden Ausbuchung der Lieferforderung)
  - Abwicklung des Rechnungswesens und Bankverkehr
  - Investitionsabwicklung und Beteiligungserwerb
  - Controlling-Prozesse des Monats-, Quartals- und Jahresabschlusses
  - Jahresabschluss inklusive:
    - Inventurabwicklung
    - Abschreibungsabwicklung
    - Abgrenzungsabwicklung
    - Rücklagenabwicklung

Die Risikogliederung nach IRMS (Bild 4.6) ist eine Möglichkeit, Risiken einzuteilen, vornehmlich mit dem Ziel, möglichst rasch, ressourcenschonend und mithilfe von vorhandenen Instrumenten Verantwortliche zu identifizieren, die qualifizierte erste Auskünfte geben können. Welche Untergruppen dann tatsächlich gebildet werden, hängt ganz davon ab, ob das Risikomanagement lediglich den Mindestanforderungen der gängigen Gesetzgebung genügen soll oder ob ein allumfassendes Risikomanagement- und Internes Kontrollsystem implementiert werden soll.

Folgende Aspekte sollen immer in die Auswahl der Systemeinheiten, die Hilfestellung bei der Gruppierung leisten, einfließen:

- Sicherstellung der Richtigkeit und Vollständigkeit der Rechnungslegung,

- Beachtung der wesentlichen Risiken, die den Unternehmensfortbestand im Allgemeinen gefährden.

Externe Risiken	Interne Risiken
Risikoeintritt abschätzbar Schadensausmaß gut beeinflussbar	Übergeordnete Risiken → sind keinem spezifischen Ablauf zuordenbar
Risikoeintritt schwer abschätzbar Schadensausmaß beeinflussbar	Ablaufbezogene Risiken → sind einem Ablauf (Prozess) zuordenbar
Risikoeintritt nicht abschätzbar Schadensausmaß wenig bis nicht beeinflussbar	Finanzprozessbezogene Risiken → haben Einfluss auf den Rechnungslegungsprozess

Bild 4.6 Grobe Risikogruppierung nach IRMS – Überblick

Risikoidentifikation und -bewertung

Wie?

Um die Risiken zu identifizieren und zu bewerten, bieten sich Workshops an. Der Workshop-Leiter bzw. der Projektmanager des Implementierungsprojekts hat die Aufgabe, Risiken, Risikobeschreibungen, Schadensbewertungen und die Relevanz der Risiken für das Interne Kontrollsystem zu erfassen. In einem in Folge durchzuführenden Evaluierungs-Workshop soll eine Basis ermittelt werden, sodass sich prioritäre Risiken erkennen lassen, die einer weiteren Analyse unterzogen werden.

 TIPP: Sehr oft werden bei der Risikoidentifizierung und Risikobewertung komplexe – und unter Umständen viel diskutierte – Sachverhalte erfasst. Daher sind eher mehrere Workshops, die nicht länger als höchstens zwei Stunden sind, zu empfehlen!

Wer?

- Wer kennt die wichtigen Risiken in den unterschiedlichen Unternehmensbereichen?

- Wer weiß, welche Risiken „von außen" auf das Unternehmen wirken?
- Wer kann ihre Auswirkungen einschätzen?
- Wer kann sie im Sinne der Risikominimierung steuern?

Es werden hauptsächlich diese Fragen sein, die den Projektleiter bei den Vorbereitungen zur systematischen Risikoidentifikation begleiten. Die richtige Auswahl der Ansprechpartner ist essenziell für die Qualität der Ergebnisse im Hinblick auf die Erfassung bedrohlicher Risiken und deren realistischer Bewertung.

Die Spezialisten werden am ehesten beurteilen können, wie es um die Risikosituation in deren Verantwortungsbereich steht. Unter Verantwortungsbereich soll hier nicht nur die Entscheidungsverantwortung z. B. als Abteilungsleiter verstanden werden.

HINWEIS: Relevante Informationen können meist auch Ausführende – also Durchführungsverantwortliche – liefern, die z. B. streng nach Prozess handeln und für falsche Prozessvorgaben die Verantwortung nicht tragen müssen. In vielen Fällen liefern vor allem diese Durchführungsverantwortlichen wertvolle Hinweise auf Risiken und Ineffizienzen, die unter Umständen vermögensschädigend sein können.

Bei der Wahl der Gruppe der Ansprechpartner für die Risikoidentifikation und -bewertung sollte daher auf Ausgewogenheit zwischen Führungsorganen (Entscheidungsverantwortlichen) und Ausführenden (Durchführungsverantwortlichen) geachtet werden.

Was?

Nutzen Sie die Außensicht als interner oder externer Berater für den Erfolg des Projekts. Bereiten Sie Risikolisten vor, um im Falle des Falles mögliche Risiken mit den Spezialisten zu besprechen, die unerwähnt geblieben sind. Rücken Sie typische Risiken ins Bewusstsein der Mitwirkenden, die unter Umständen im Unternehmen vernachlässigt werden bzw. keine Beachtung erfahren. Hilfreich sind hier allgemeine Risikolisten, wie sie die ONR 49002-1 vorgibt. Hier sind beispielsweise Gefahrenlisten für drei Beispielprozesse dargestellt. Ausführliche Risikolisten mit Fragestellungen für etwaige Workshops liefert z. B. *Das Interne Kontrollsystem aus der Sicht der Internen Revision* des Instituts für Interne Revision (IIA 2013). Risikomanagement-Checklisten – sowohl allgemein gehaltene als auch für spezielle Branchen gestaltete – sind über diverse

Plattformen unterschiedlichster Anbieter im Internet zu beziehen. Je besser vorbereitet Sie in dieser Hinsicht in die Workshops gehen, desto ansprechender und realistischer wird die Darstellung der Risikosituation ausfallen.

Stellen Sie dazu Fragen, deren Beantwortung konkret darauf hinweist, ob Risiken tatsächlich schon gekannt bzw. aktiv gesteuert werden.

HINWEIS: Es ist nicht sinnvoll, danach zu fragen, ob Risiken aktiv gesteuert werden oder nicht. Fragen Sie nach dem Wie und nach etwaigen Evidenzen (Erfassungslisten, Anweisungen, Zutrittscodes etc.), die belegen, dass es Instrumente gibt und die erwähnten Risiken auch tatsächlich gesteuert werden!

Folgende Fragestellungen sollten in den unterschiedlichen Workshops beantwortet werden, um die grundlegenden Fragen der Risikosituation jedes Unternehmens abgedeckt zu haben:

CHECKLISTE: Externe Risiken

Der Risikoeintritt ist abschätzbar und das Schadensausmaß gut beeinflussbar:

- Gibt es mittel- bis langfristige Strategien, wenn ein (Teil-)Markt sich negativ verändert oder wegbricht?
- Werden die Unternehmens-/Kundenbeziehungen regelmäßig, sowohl strategisch als auch operativ, einer Revision unterzogen?
- Wie wird mit Veränderungen des Marktes hinsichtlich Marktanteil, -größe, -zusammensetzung, Innovationen umgegangen?
- Wird die operative Umsetzung der strategischen Vorgaben gemessen und ist sie darstellbar?
- Wie wirken sich volkswirtschaftliche Einflussfaktoren auf den Unternehmenserfolg und die Vermögenssituation aus?

Die Gruppe der externen Risiken lässt sich in zwei Kategorien unterteilen, und zwar in eine Kategorie, bei der der Risikoeintritt schwer abschätzbar, das Schadensausmaß aber beeinflussbar ist. In der nächsten Kategorie ist der Risikoeintritt nicht abschätzbar und das Schadensausmaß wenig bis nicht beeinflussbar:

- Gibt es ein Betriebskontinuitätsmanagement (Business Continuity Management), wenn Teile des Arbeitsgebäudes bzw. Maschinen beschädigt sind?

- Gibt es ein eingerichtetes Notfall- und Krisenmanagement?
- Gibt es einen Überblick (für alle Verantwortlichen und Betroffenen zugänglich) über die Notfall- und Krisenszenarien?
- Gibt es regelmäßige, dokumentierte Übungen des Notfall- und Krisenmanagements?
- Können Änderungen der Rechtsverhältnisse nachteilig für das Unternehmen sein?

Inwiefern können verfassungsrechtliche/verwaltungsrechtliche Änderungen/Eingriffe die Handlungsfähigkeit/Vermögenswerte des Unternehmens beeinflussen?

- Sind gegen die naheliegenden Umweltgefahren Versicherungen abgeschlossen worden?
- Können (De-)Regulierungen zu Absatzmarkt- und/oder Rohstoffmarktzuwächsen/-verlusten führen?

CHECKLISTE: Übergeordnete Risiken

Hier sind die Risiken keinem Prozess zuordenbar:

- Sind Abläufe/Verantwortungen so geregelt, dass Informationen zur Entscheidungsfindung und notwendige Informationen zur Ausübung der betrieblichen Tätigkeit aktuell und zeitgerecht verfügbar sind, akzeptiert und verstanden werden?
- Sind Abläufe/Verantwortungen so geregelt, dass grundlegende Eigentümer-/Mitarbeiter-/Kunden- und sonstige Stakeholder-Interessen im Einklang mit den Gesetzen gewahrt werden?
- Ist das Unternehmen intern so organisiert, dass die Entscheidungsfindung und die Ausübung der betrieblichen Tätigkeiten klaren Verantwortungen unterliegen?
- Wurden organisatorische Vorkehrungen, Regelungen und Arbeitsabläufe erfasst, dokumentiert und sind diese bekannt?
- Sind alle Verträge, die wesentlich für die Vermögenssicherung und den Fortbestand des Unternehmens sind, nach einer nachvollziehbaren Struktur und an einem sicheren Ort abgelegt?
- Sind Zugriffsberechtigungen entsprechend geregelt und werden sie eingehalten?

CHECKLISTE: Ablaufbezogene Risiken

Wenn die Risiken einem Prozess zuordenbar sind, dann bieten sich folgende Fragen an:

- Sind alle operativen Vorgänge/Aktivitäten rechtskonform?
- Entsprechen alle operativen Vorgänge den internen Regelungen der Arbeitsabläufe im Hinblick auf die Vermögenssicherung (Vermeidung von Fehlern und Ineffizienzen)?
- Existiert und funktioniert die Kontrollautomatik?
- Werden alle operativen Vorgänge/Aktivitäten den organisatorischen Vorkehrungen entsprechend durchgeführt?
- Werden Formulare/Belege entsprechend den organisatorischen Vorgängen verwendet und abgelegt?
- Ist gesichert, dass nur befugte Personen Zugriff zu elektronischen/analogen „sensiblen" Daten/Dokumenten haben?

 CHECKLISTE: Finanzprozessbezogene Risiken

Sind interne Handlungen in Bezug auf die Abwicklung von Finanzprozessen bzw. das Controlling und die Jahresabschlussagenden so organisiert,

- … dass wirtschaftliches und zweckmäßiges Handeln im Sinne der Unternehmenszielsetzungen sichergestellt werden kann?
- … dass Fehler und Betrug vermieden werden können?
- … dass die Einhaltung von internen und externen Vorschriften sichergestellt ist?

Wie genau Sie sich auf die Workshops vorbereiten, welche Fragen Sie konkret stellen, um möglichst objektive Informationen zur Risikosituation zu bekommen, wie Sie die Mitwirkenden „ins Boot holen" und welche Hilfsmittel Sie nutzen, soll wie folgt an dem Beispiel „Workshop Personaladministration und -verrechnung" erklärt werden.

CHECKLISTE:

Bereiten Sie für die Workshops erklärende Unterlagen vor, die bestmöglich schon einmal, z. B. im Rahmen einer Firmenpräsentation zur Einführung des Systems, gezeigt worden und daher bekannt sind. Folgendes Vorgehen wird empfohlen:

- Erklären Sie, was ein Risikomanagement- und ein Internes Kontrollsystem sind und welche Vorteile sie für das Unternehmen und den Einzelnen haben können.

- Erklären Sie den rechtlichen Hintergrund und die daraus entstehenden Anforderungen für ein Risikomanagement- und Internes Kontrollsystem.

- Erklären Sie die Art der Risikogruppierung und die Vorgehensweise bei der Auswahl der Teammitglieder bzw. Interviewpartner/Mitwirkenden in den Workshops.

- Erklären Sie die Bewertungskriterien und deren Abstufungen.

- Erklären Sie die Vorgehensweise im Umsetzungsprojekt und den Projektziel- und Zeitplan.

- Bereiten Sie für die behandelte Risikogruppe und etwaige Untergruppen mögliche Risiken vor. Agieren Sie dabei als Berater! Machen Sie auf typische Risiken aufmerksam, die unter Umständen unbeachtet geblieben sind! Risikolisten sind für die Vorbereitung hilfreich. Vor allem Risiken im Bereich des IKS sind den Ausführenden bzw. Verantwortlichen oftmals nicht bewusst, da sie losgelöst von der eigentlichen Aktion z. B. Auswirkungen auf die Rechnungslegung haben, in ihrer Schadensfolge vermögensschädigend sein können oder mögliche rechtliche Konsequenzen nach sich ziehen. Formulieren Sie zu jedem Ihrer Risiken eine Frage, deren Antwort bestmöglich als Beweis dafür gelten kann, dass das Risiko nicht besteht bzw. besteht.

- Folgen Sie der ausgesandten Tagesordnung für die Workshops. Diese könnte wie folgt lauten:
  - Präsentation des Projektziels und Zeitplans
  - Präsentation des Workshop-Ziels
  - Erwartungen an ein gelebtes Risikomanagementsystem
  - Erarbeitete risikopolitische Rahmenbedingungen und Grundlagen (Bewertungsrichtlinien und -kriterien, Risikogruppen etc.)
  - Vorgehensmodell (Identifizierung und Analyse in Zusammenarbeit mit den Mitarbeitern)
- Stellen Sie die Hilfsmittel vor, mit denen Sie arbeiten wollen.

Bevor Sie mit der eigentlichen Identifikation starten, präsentieren Sie (nochmals) die risikopolitischen Grundsätze, die durch das oberste Management abgesegnet wurden. Erklären Sie den Zusammenhang der Arbeit, die in den Workshops geleistet wird, mit der Erreichung dieser Vorgaben.

 CHECKLISTE: Inhalt einer Risikoliste

Es ist hilfreich, eine vorbereitete Risikoliste (praktischerweise in MS Excel; ein Beispiel zeigt Bild 4.7) mit typischen Risiken für den untersuchten Bereich via Beamer an die Wand zu werfen. Diese Liste soll folgende Felder zum Inhalt haben:

- Laufende Nummer (diese können Sie in Folge in der Überblicksmatrix verwenden bzw. in einer etwaigen Maßnahmenliste)
- Risikoname (eventuell Risikogruppe)
- Risikobeschreibung (je genauer und eindeutiger das Risiko beschrieben ist, desto leichter können später etwaige Zusammenhangsanalysen bezüglich Ursache und Wirkungen bzw. Folgewirkungen eines Risikos durchgeführt werden, vgl. dazu Schritt 4)
- Definiertes Kriterium für die Eintrittseinschätzung bzw. den Reaktionsspielraum (Wirkungszeitraum)
- Definiertes Kriterium für die Schadensbewertung
- IKS-Relevanz (bedroht das Risiko die IRMS-Ziele 1 oder 2, vollständiges und richtiges Reporting sowie Normenkonformität „Compliance")
- Wesentlichkeit (das Risiko ist aufgrund des potenziell besonders hohen Schadens bzw. der Häufigkeit oder sonstigen Kriterien genauer zu betrachten)

Für die Risikoidentifikation im Bereich der Personaladministration bzw. -verrechnung bieten sich nachstehende Fragestellungen an, die sowohl für allgemeine Unternehmensrisiken als auch für IKS-spezifische Jahresabschlussrisiken verwendet werden können.

Gefahrengruppe	lfd. Nr.	Identifizierte(s) Risiko	BeschreibungRisiko	Wirkungszeitraum	Eintrittshäufigkeit	Schadensgruppe	potentieller Schaden
operationelle Risiken/ Austrittsrisiko	25	ungeplante Ausfälle von Mitarbeitern in Schlüsselpositionen	Wissens- und Know-How Verlust. Wissenstransformation ist nur schwer bis unmöglich		häufig	Motivation	andere Mitarbeiter negativ beeinflussend
operationelle Risiken/ Engpassrisiko	26	zeitraum- und funktionsorientierte Kapazitätsengpässe	Fehlende Vorausplanung/Einsatzplanung führt zu Produktionsausfällen, Mehrarbeit, Konflikten	mittelfristig möglicher Schaden		Motivation	mit Aufwand behebbar
operationelle Risiken/ Motivationsrisiko	27	Bewusste oder unbewusste Leistungszurückhaltung oder Überleistung	Einschränkungen in Qualität und Quantität oder Burn- Out durch Übermotivation	mittelfristig möglicher Schaden		Motivation	andere Mitarbeiter negativ beeinflussend
operationelle Risiken/ Loyalitätsrisiko	28	Verletzung der arbeitsvertraglichen Treuepflicht oder Begehen von Wirtschaftsstraftaten	Bewusste Schädigung des Unternehmens	mittelfristig möglicher Schaden		Kosten	potentiell existenzbe- drohend

Bild 4.7 Beispiel Risikoliste Personaladministration

CHECKLISTE: Risikogruppe Personalauswahl

- Sind Schlüsselpositionen im Unternehmen definiert?
- Inwiefern ist Objektivität bei der Personalauswahl für die Beset-zung von Schlüsselpositionen gewährleistet?
- Werden für Schlüsselpositionen im Zusammenhang mit Zugriff zu Bargeld bzw. Bankzugriff Führungszeugnisse verlangt?

CHECKLISTE: Risikogruppe Motivation

- Werden die Fluktuationszahlen im gesamten Unternehmen bzw. in unterschiedlichen Abteilungen regelmäßig hinterfragt (z. B. im Zuge eines Branchenvergleichs)?
- Wird bei leistungsfähigen Mitarbeitern unsachgemäß gespart?
- Gibt es einen Entwicklungsplan für Mitarbeiter, dessen Einhal-tung auch verfolgt wird?
- Sind die Ziele der Mitarbeiter klar definiert und stimmen mit den übergeordneten Zielen überein? Sind diese realistisch und er-reichbar?
- Wie wird die soziale Eingliederung von neuen Mitarbeitern auf unterschiedlichen Ebenen forciert?

CHECKLISTE: Risikogruppe Personaladministration

- Werden personenbezogene Daten (die z. B. im Zuge von Bewerbungsunterlagen ins Haus kommen) entsprechend verwahrt bzw. entsorgt?

- Gibt es eine „Einstellungs- bzw. Austritts-Checkliste", in der die etwaige Übergabe/Rückgabe von Dokumenten, Arbeitsgeräten, Zugriffskarten, Schlüssel usw. dokumentiert werden kann? Sind diese dann entsprechend verwahrt und abgelegt?

- Werden Personalakten (analog) sicher verschlossen bzw. (digital) in zutrittsgesicherten Dateien entsprechend den rechtlichen Vorgaben verwahrt?

- Gibt es Regelungen zum Vertragsmanagement, die auch die Personaladministration betreffen (darunter fallen Arbeitsanweisungen, Prozesse etc. zu den Themen Zeichnungsrechte, Freigabenotwendigkeiten und -rechte, Notwendigkeit der Expertenkonsultation, Verwahrung der Verträge)?

- Wie ist sichergestellt, dass Aktivitäten außer Haus (aus Versicherungsgründen) entsprechend aufgezeichnet werden?

 CHECKLISTE: Risikogruppe Engpass
(bei Schlüsselfunktionen)

- Wie wird sichergestellt, dass Personalengpässe nicht auftreten bzw. nur kurzfristig bestehen bleiben?

- Gibt es derzeit Personalengpässe? Wie wird damit umgegangen?

- Entspricht die persönliche Mitarbeiter-Entwicklungsplanung den Möglichkeiten und Anforderungen im Unternehmen, um Engpässen (bzw. Notwendigkeiten der Nachbesetzung etc.) entsprechend vorzubeugen?

 CHECKLISTE: Risikogruppe Lohnbuchhaltung

- Wie ist sichergestellt, dass nur ein bestimmter definierter Personenkreis die Gehaltsverbuchung bzw. Banktransaktionen in diesem Bereich durchführen kann?

- Wie ist sichergestellt, dass Gehaltszahlungen den vertraglichen Abmachungen zwischen Dienstgeber und Dienstnehmer entsprechen und die Daten wenn notwendig entsprechende Änderung erfahren?

- Wie ist sichergestellt, dass niemand für seine eigenen Gehalts-agenden zuständig ist?

- Wie ist sichergestellt, dass Abgaben und Steuern (Sozialver-sicherungsbeitrag, Lohnsteuer, Ausgleichstaxe, Kommunalsteuer etc.) richtig berechnet bzw. entsprechend abgeführt werden?

- Wer ist für die zeitgerechte Berechnung und Verbuchung etwai-ger Rückstellungen im Personalbereich verantwortlich? Gibt es dazu eindeutige Regelungen?

- Wie ist sichergestellt, dass Sonderzahlungen entsprechend ab-gewickelt werden?

- Nach welchen Kriterien (z. B. COBIT-Prüfung; COBIT 2005) sind Lohnbuchhaltungssysteme und andere unter Umständen für die Lohnbuchhaltung wichtige Systeme (Zeiterfassung, Enterprise-Resource-Planning-Systeme etc.) aufgesetzt, werden diese er-halten und geprüft?

- Werden Zulieferer von Lohnbuchhaltungs-Dienstleistungen ent-sprechend geprüft? Das *Statement on Auditing Standards No. 70* enthält hierzu Anforderungen (SAS 2002).

Nicht alle Fragen, die bei unterschiedlichen Unternehmen wichtig sind, um die Risikosituation abschätzen zu können, können vollständig abge-bildet werden. Jedoch bildet diese Auswahl an Fragen ein Kerngerüst, das Hilfestellung bei der Aufdeckung einer Vielzahl von typischen perso-naladministrativen und -verrechnungstechnischen Risiken leisten kann.

TIPP: Risiken, die wesentlich sind, aber durch vehemente Steue-rung im Unternehmen keine Bedrohung mehr darstellen – also Risi-ken, die schon aktiv reduziert bzw. vermieden werden –, sind trotz-dem entsprechend einem potenziellen Schaden aufzunehmen.

SCHNITTSTELLENMANAGEMENT

Die Identifikation von Risiken und deren Bewertung – und vor allem das daraus abgeleitete Setzen von durchzuführenden Maßnah-men – können zu Mehrarbeit führen, und die dadurch geschaffene Transparenz kann unter Umständen bei Beteiligten Ablehnung oder sogar Angst hervorrufen.

Je glaubwürdiger und klarer das schon kommunizierte Bekenntnis und Engagement der Führungsspitze zum Thema ist, desto besser können Sie es nutzen! Verwenden Sie die gleichen Unterlagen wie diese, die Sie bei einer etwaigen Firmenpräsentation bzw. einer Roadshow oder Ähnlichem verwendet haben. Erklären Sie die Elemente, Vorteile, Nutzen und Grundlagen des Systems nochmals genau und zeigen Sie, wie definierte Vorgaben (z. B. Bewertungsskala) für die Workshops genutzt werden können!

4.2.5 Schritt 4 – Risikoanalyse

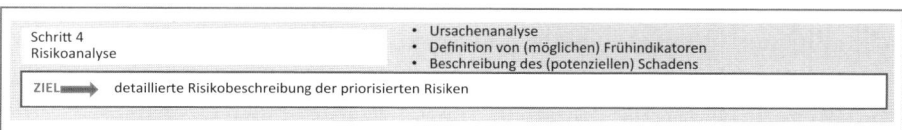

Sind Risiken durch die in den risikopolitischen Grundsätzen definierten wesentlichen Bereiche schon als wichtig zu betrachten bzw. wurden sie durch die erste Analyse als wesentlich identifiziert, ist eine weiterführende Risikoanalyse durchzuführen, die dann in einem Maßnahmenplan mündet. Risiken, die nicht darunterfallen, können durch die Definition von Sofortmaßnahmen, die z. B. direkt in der Risikoliste aufgenommen werden, transparent gesteuert werden (Bild 4.8).

lfd. Nr.	Identifizierte(s) Risiko	Beschreibung Risiko	potentieller Schaden	Ursache
25	ungeplante Ausfälle von Mitarbeitern in Schlüsselpositionen	Wissens- und Know-How Verlust. Wissenstransformation ist nur schwer bis unmöglich	andere Mitarbeiter negativ beeinflussend	Unterbesetzung und Überarbeitung der Projektleiter über sehr lang Zeiträume hinweg
26	zeitraum- und funktionsorientierte Kapazitätsengpässe	Fehlende Vorausplanung/Einsatzplanung führt zu Produktionsausfällen, Mehrarbeit, Konflikten	mit Aufwand behebbar	Fehlendes Multiprojektmanagement und Personaleinsatzplanung
27	Bewusste oder unbewusste Leistungszurückhaltung oder Überleistung	Einschränkungen in Qualität und Quantität oder Burn-Out durch Übermotivation	andere Mitarbeiter negativ beeinflussend	Zieleplanung unkoordiniert, unabgestimmt mit Abteilungszielen, Leistungsanreize tw. unrealistisch
28	Verletzung der arbeitsvertraglichen Treuepflicht oder Begehen von Wirtschaftsstraftaten	Bewusste Schädigung des Unternehmens	potentiell existenzbedrohend	Fehlende Rechtsbildung und Schaffung v. Risikobewusstsein, kein Rechtskatalog, keine internationalen Regelungen fü. Sensible Bereiche

Bild 4.8 Beispiel einer erweiterten Risikoliste

Durch eine weiterführende Risikoanalyse finden in der Praxis sehr oft nochmalige Ergänzungen dahin gehend statt, dass ursprünglich als nicht prioritär bewertete Risiken genauer analysiert werden. Ursprünglich als nicht besonders gefährlich eingestufte Risiken bzw. Risiken, die, sofern sie schlagend werden, gut durch reaktive Maßnahmen in ihrer Auswirkung begrenzt werden können, sind oft aber Auslöser potenziell schwerwiegender Folgen, die möglicherweise erst nach langer Zeit entdeckt werden. Ähnlich verhält es sich bei reaktiv gesetzten Maßnahmen, die sozusagen nur als „Symptombekämpfung" zu sehen sind, da der Ursprung des Risikos, die Risikoursache, unter Umständen durch Aktivitäten ganz anderer Natur und durch unterschiedliche Akteure in unterschiedlichen Unternehmensbereichen ausgelöst wurde.

Wie Ursache-Wirkungs-Zusammenhänge die Wichtigkeit im Sinne der Risikopriorisierung beeinflussen können, zeigt folgender Tipp:

 TIPP: Risiko: Erlöseinbußen durch falsche oder fehlende Verrechnung von Leistungen bzw. Teilleistungen

Auf den ersten Blick würde im Schritt 2 die Buchhaltung bzw. der Verrechnungsprozess in den Hauptfokus fallen. Auch in der Matrix würde sich dieses Risiko im Bereich der Verrechnung durch ein hohes Schadensausmaß abbilden. Bei näherer Betrachtung könnte aber auffallen, dass nicht der Ablauf in der Buchhaltung falsch oder ungenau geregelt ist bzw. hier Fehler passieren, sondern dass dies ein IT-Problem ist. Die Verrechnungsdatenbank könnte aufgrund ihrer ungenauen Strukturierung im Bereich der Leistungsabgrenzung der Kern etwaiger Falschverrechnungen sein. Dies könnte daran liegen, dass die zu verrechnenden Leistungen so komplex sind, dass sie nie genau erfasst und erklärt worden sind und demgemäß die Zuordnung in der Datenbank überhaupt nur ungenau oder inkonsistent möglich ist. Eine andere Ursache wäre, dass Datensätze ins Leere laufen und keine Fehlermeldungen erscheinen. Umsätze würden nicht verrechnet werden, obwohl sie scheinbar buchhalterisch erfasst wurden.

Im Zuge der genauen Analyse von Risiken werden Ursachen und Folgen von Risiken betrachtet. Um die systematische Erfassung klar zu gestalten und auch in Zukunft noch genau zu wissen, von welchem Risiko die Rede ist, was Ursache und was Schadensfolgen sind, ist die Definition der Wirkungskette essenziell. Dieselben Ereignisse können zugleich

unterschiedliche „Status" im Sinne von Ursache – Risiko – Wirkung – Folgewirkung einnehmen. Eine genaue Bezeichnung dessen, worum es sich
bei der Analyse handelt, ist deshalb besonders wichtig. Zusammenhänge
sollen auf Basis dessen erarbeitet werden. In Folge können so auch eindeutig Verantwortungen zugeordnet werden. Es soll damit vermieden
werden, dass Risiken doppelt bearbeitet werden, Maßnahmen unnütz
gesetzt oder sogar unabgestimmt sind und daher unter Umständen kon-
traproduktive Folgen haben. Bild 4.9 verdeutlicht diesen Umstand. Es
zeigt dasselbe Ereignis jeweils an anderer Stelle in der Wirkungskette.
Eine Vorlage für ein Risikoblatt kann wie in Bild 4.10 dargestellt aufgebaut werden.

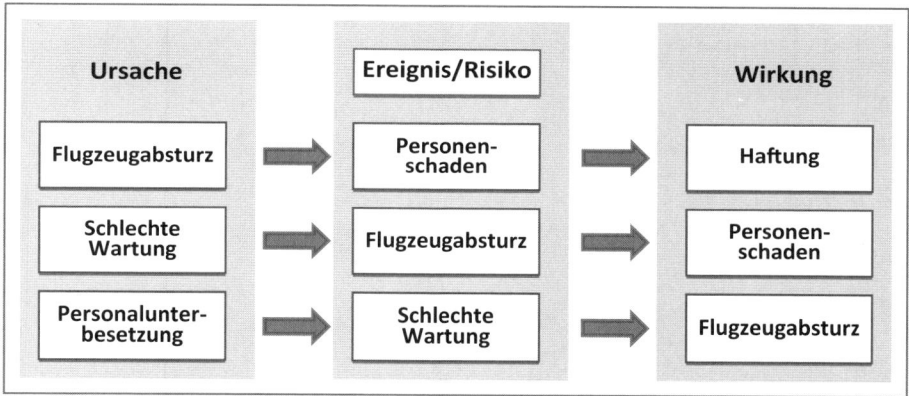

Bild 4.9 Zuordnung des Ereignisses zu unterschiedlichen „Status" in der Wirkungskette

 TIPP: Wenn Sie als Projektleiter bzw. Verantwortlicher für das
Risikomanagementsystem auf Basis unterschiedlicher Kriterien
entschieden haben, dass ein Risiko einer weiterführenden Analyse
bedarf, ist es auch hier hilfreich, Hilfsmittel für die Erhebung und
Analyse vorzubereiten. Die Ergebnisse einer weiterführenden Analyse können z. B. auf einem Risikoblatt festgehalten werden, wo in
erweiterter Form auch etwaige Maßnahmen festgehalten werden
können.

Risikoblatt	
RNr.: 25	**Risiko:** ungeplante Ausfälle von Mitarbeitern (MA) in Schlüsselpositionen

Beschreibung: Wissens- und Know-how-Verlust, Wissenstransformation ist nur schwer möglich bis unmöglich	
Risikofeld:	operationelle Gefahren
Gefahrengruppe:	Mitarbeiter mit Monopolwissen

Risikoursachen:

- Keine Nachfolgeplanung
- Keine Vertretung mit entsprechendem Know-how
- MA wollen Wissen nicht weitergeben (Sicherheitsgedanke)
- MA können nicht schnell genug aufgebaut werden, um Schlüsselpositionen zu übernehmen
- Bestehende Schlüsselpositionen führen MA nicht an die Schlüsselposition heran (delegieren nicht)
- Veraltete Strukturen werden unreflektiert beibehalten

Kennzahlen der Risikobewertung

Eintrittshäufigkeit/ -wahrscheinlichkeit/ Wirkungszeitraum:	✗ Eintrittshäufigkeit
	✗ Eintrittswahrscheinlichkeit
	✗ Wirkungszeitraum
Gewählte Kennzahl: Übernahme-/Übergabequalität schlecht	Eintrittshäufigkeit aus Erhebungen der letzten zehn Jahre. In sechs von zwölf Fällen hat keine adäquate Übergabe-/nahme stattgefunden. Resultat aus Befragungen der betroffenen Mitarbeiter.
Potenzieller Schaden:	✗ Sinkende Mitarbeitermotivation
	✗ Markenschaden
	✗ Standortschaden
	✗ Monetärer Schaden
Gewählte Kennzahl: Anzahl der betroffenen Mitarbeiter, deren Motivation beeinflusst war	In jedem der untersuchten Fälle waren mehrere Mitarbeiter betroffen. Kein Mitarbeiter hat gekündigt. Jedoch war die laufende Arbeit der Mitarbeiter über einen längeren Zeitraum stark beeinträchtigt. Darüber hinaus fehlen monetäre bzw. entwicklungstechnische Anreize (z. B. Beförderung) für solche Mehrleistungen.

Bild 4.10   Muster eines Risikoblatts mit gesammelter Information zu einem analysierten Risiko

Risikobewertung:	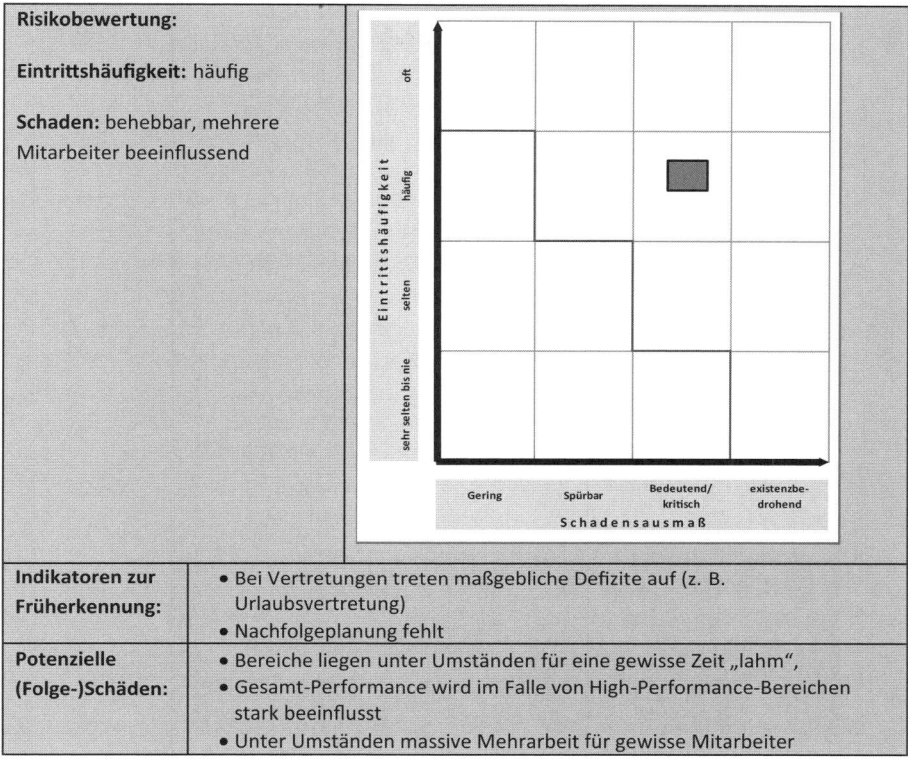
Eintrittshäufigkeit: häufig	
Schaden: behebbar, mehrere Mitarbeiter beeinflussend	
Indikatoren zur Früherkennung:	• Bei Vertretungen treten maßgebliche Defizite auf (z. B. Urlaubsvertretung) • Nachfolgeplanung fehlt
Potenzielle (Folge-)Schäden:	• Bereiche liegen unter Umständen für eine gewisse Zeit „lahm", • Gesamt-Performance wird im Falle von High-Performance-Bereichen stark beeinflusst • Unter Umständen massive Mehrarbeit für gewisse Mitarbeiter

Bild 4.10 *(Fortsetzung)*

Weiterführende Analyse – Möglichkeiten der Risikoaggregation

Die Bewertung der Risiken im Zuge der Risikoidentifikation gibt ein erstes Bild über die Risikosituation. Unter Zuhilfenahme einer Matrix können die Risiken grob – nach Kriterienkombinationen – eingeteilt werden. Dies ist vor allem deshalb ratsam, weil im Zuge der organisatorischen Abwicklung aller Agenden des Risikomanagements im Bereich der Analyse und Steuerung nicht alle Risiken mit derselben intensiven Aufmerksamkeit behandelt werden können. Eine grafische Darstellung der Risiken in einer Matrix soll helfen, besonders gefährliche herauszuheben oder Akzeptanzschwellen für dieselben mit minderem Schadensausmaß bzw. einer sehr geringen Eintrittswahrscheinlichkeit einzuziehen.

Um einen Überblick über die wesentlichen, den Unternehmensfortbestand gefährdenden Risiken im Unternehmen zu bekommen und Risiken vergleichbar zu machen, wird also eine sogenannte „Risk Map" bzw. **Risikomatrix** erstellt. Dabei werden unterschiedliche, aber vergleichbare Kriterien genutzt, die idealerweise bei der Definition der risikopolitischen Grundsätze definiert wurden (Bild 4.11).

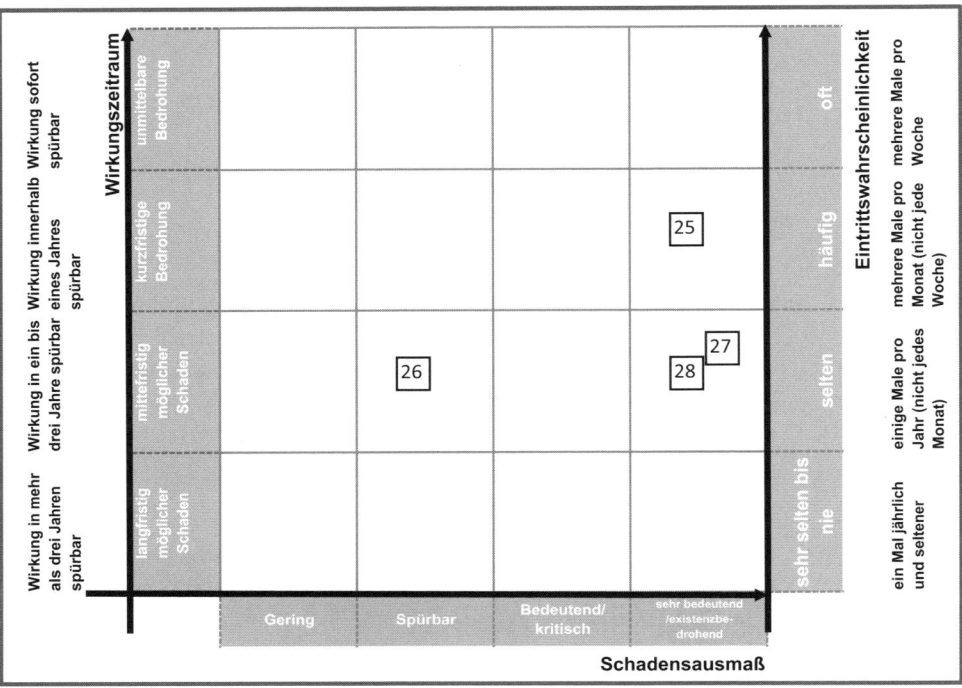

Bild 4.11 Risikomatrix Beispiel Personaladministration

Nach Bewertung der Risiken und Einteilung in die Matrix kann anhand des potenziellen Schadensausmaßes bzw. der Häufigkeit von Risikoeintritten eine Entscheidung für eine weitere Priorisierung vorgenommen werden. Ziele, die nicht in den definierten Wesentlichkeitsraster fallen (vgl. Bild 4.12: 4 Quadrate rechts oben) und trotzdem als wichtig empfunden werden, können z. B. farblich hervorgehoben werden.

Die in den risikopolitischen Grundsätzen festgelegte Priorisierung von Betrachtungsbereichen erfährt hier in einem zweiten Schritt eine Erweiterung. Über definierten Risikoschwellen liegende Risiken werden in eine weiterführende Analyse miteinbezogen.

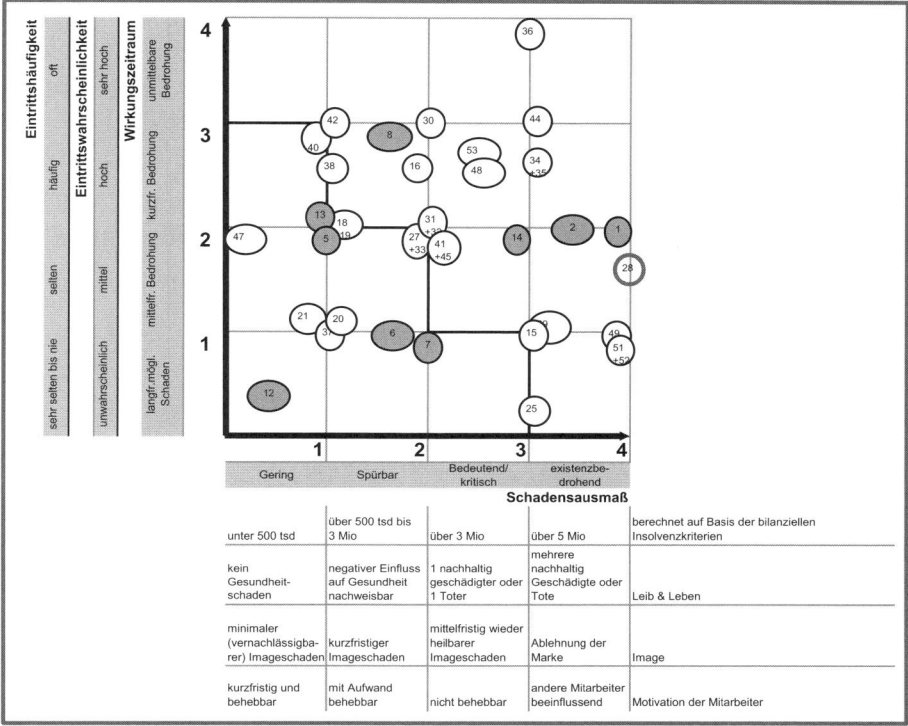

Bild 4.12   Praxisbeispiel für eine Risikomatrix mit Risikoschwelle

Risikoaggregation

Um Abhängigkeiten zu erkennen bzw. einen Überblick über die Auswirkungen von Risiken – vor allem auf Finanzkennzahlen bzw. die Performance eines Unternehmens – zu bekommen, werden in der Regel Rechenmodelle entwickelt.

In der Praxis wird meist versucht, die Gesamtrisikoposition im Unternehmen zu errechnen, um einen Eindruck des zu tragenden Risikowertes zu erreichen bzw. Risikobudgets einzelnen Unternehmensbereichen zuzuordnen. Rein mathematisch gesehen wird dabei das potenzielle Schadensausmaß jedes einzelnen Risikos bewertet und mit der Eintrittswahrscheinlichkeit multipliziert (z. B. Schadensausmaß bei vollem Schlagendwerden des Risikos: eine Million Euro mit 70 % Eintrittswahrscheinlichkeit ist gleich 700 000 Euro). Eine simple Summierung der so errechneten jeweiligen Risikopositionen ergibt so die Gesamtrisikoposition. Dieser aggregierte Wert ist jedoch als kritisch zu betrachten, sofern er nicht über speziell adaptierte Rechenmodelle den Eintritt von anderen (mit dem Ursprungsrisiko zusammenhängenden) Risiken bzw. Folgeschäden mitberücksichtigt.

Die **Monte-Carlo-Simulation** versucht, die Wirkung von mehreren risikorelevanten Einflussfaktoren auf Performance-Kennzahlen zu zeigen. Einzelne Parameter aus der Gewinn-und-Verlust-Rechnung oder in Kostenrechnungsmodellen, die sich durch schlagend werdende Risiken ändern, werden ausgewählt. In unterschiedlichen Simulationsläufen sollen die Auswirkungen auf Gesamtpositionen wie z. B. das EBIT oder den Deckungsbeitrag errechnet werden.

Analyse von rechnungslegungsrelevanten Prozessen

Übergeordnetes Ziel bei der Analyse der sogenannten „rechnungslegungsrelevanten Prozesse" sind die Sicherstellung der Richtigkeit und Vollständigkeit des Jahresabschlusses bzw. aller unterjährigen Abschlüsse und die richtige Durchführung aller gesetzlich vorgeschriebenen Aktivitäten im Sinne der **Compliance**. Unter Letzteres fallen nicht nur Bestimmungen der 8. EU-Richtlinie in ihrer mitgliedsstaatlichen Gesetzesausgestaltung z. B. zum Thema Prüfungsausschuss oder Gestaltung des Risikomanagementsystems, sondern alle rechtlichen Anforderungen, die zwingend für ein Unternehmen zu erfüllen sind. Allem voran sind hier abgabenrechtliche gesetzliche Anforderungen (wie z. B. die termingerechte und belegkonforme Abführung der Umsatzsteuer) und zwingende Normen des Arbeitnehmerschutzes, des Datenschutzes sowie alle sonstigen grundlegenden Vorschriften des Unternehmensrechts im Hauptfokus.

Die Priorisierung erfolgt so, dass zunächst Konten der Gewinn-und-Verlust-Rechnung und die Bestandskonten der Bilanz, die große Volumina aufweisen, im Zentrum des Interesses sind. Was im Risikomanagement als „großes Volumen" zu bezeichnen ist, muss vorab in Form einer Definition von Risikoschwellen in den risikopolitischen Grundsätzen definiert werden. Typischerweise fallen bei einer solchen Analyse Konten auf, die mit der Abwicklung folgender Aktivitäten im Zusammenhang stehen:

- *Lohnbuchhaltung*

    Zur Lohnbuchhaltung per se sind alle Agenden zu zählen, die direkt oder indirekt Konten beeinflussen, die mit der Entschädigung von Personen im Zusammenhang stehen, die ein aufrechtes Arbeitsvertragsverhältnis mit dem Unternehmen haben. Das sind Lohnbuchhaltungskonten, Verrechnungskonten für die Dienstgeberanteile der Sozialversicherungen und der Lohn- und Einkommenssteuer, etwaige Ausgleichstaxen, Betriebsratsumlagen und andere Sachverhalte in diesem Zusammenhang. Dazu gehören auch Pfändungen und Rückstellungen jeglicher Art in diesem Bereich. Des Weiteren Betriebspensionszahlungen, Abfertigungen und Jubiläumszahlungen sowie die Abwicklung von anteilsbasierten Vergütungen.

Bei der Analyse ist jedoch darauf zu achten, dass nicht nur die klassischen Betrachtungsbereiche miteinbezogen werden. Alle Agenden der Zeiterfassungsabwicklung, Vertragsgestaltung und -verwahrung sowie Fragestellungen im Zusammenhang mit dem Datenschutz sind hier im Fokus.

Zu den Belegen im Sinne des IKS gehören hier – um nur einige zu nennen – der Dienstvertrag und etwaige Sondervereinbarungen mit dem Mitarbeiter, Zeiterfassungslisten, Lohnzettel und z. B. die Dokumentation von Mitarbeitergesprächen, in denen Bonuszahlungen vereinbar wurden.

Die dabei involvierten digitalen Systeme reichen über typische Lohnbuchhaltungs-, Finanzbuchhaltungs- oder Enterprise-Resource-Planning-Systeme bis hin zu externen Systemen.

- *Ausgangsrechnungsabwicklung*

Dieser Bereich betrifft im Wesentlichen alle Vorgänge, die auf die Umsatzkonten, die Debitorenposten und die jeweiligen Umsatzsteuer-Verrechnungskonten wirken.

Im Fokus stehen dabei der Verkauf der Produkte und/oder Dienstleistungen im Unternehmen, deren rechtskonformes Anbieten, die Annahme der Bestellung bis hin zur Verrechnung der etwaigen Gewährung von Rabatten und Skonti, die Auslieferung von Waren und notwendiger Rücknahmen und der damit in Zusammenhang stehenden Ausstellung von Gutschriften.

Wichtig ist auch hier die Analyse etwaiger verwendeter IT-Systeme und deren Schnittstellen zu anderen Systemen.

- *Eingangsrechnungsabwicklung*

Dies deckt den gesamten Bereich von definierten Einkaufsrichtlinien (sofern vorhanden) über die Bestellabwicklung und Bezahlung von Verbindlichkeiten ab. Belege können hier sein: Dokumente über Freigabegrenzen laut Funktionenbeschreibung, Angebotseinholung und

-bewertung, Lieferantenauswahl, Vertragsverhandlung und damit einhergehende definierte Spielräume, Unterschriftenregelungen und Bedarfsanforderungen, Investitionspläne, Warenannahme, Qualitätsprüfungsrichtlinien und -bestätigungen, die Bezahlung selbst und etwaige Formen der Rückabwicklung.

Diese Agenden beeinflussen indirekt oder direkt letztendlich die Gesetzeskonformität, Richtigkeit und Vollständigkeit der Buchungen im Kreditorenkreis und auf den Investitions- und Steuerverrechnungskonten.

TIPP: Im Zuge der Erfassung – vor allem von Prozessrisiken – empfiehlt sich die Evaluierung der Angemessenheit des Vertragsmanagementsystems, sofern dies nicht schon im Zuge einer Umfeldanalyse stattgefunden hat. Die sichere Archivierung von Verträgen und die Einhaltung von Unterschriftenrichtlinien sind essenziell für das Risikomanagement im Hinblick auf unterschiedliche vertragsbedingte Rechtsunsicherheiten bzw. -folgen.

- *Softwareadministration*

  Das Vorgehen bei der Auswahl, Implementierung und Wartung der Software für die unterschiedlichen Notwendigkeiten im Unternehmen ist genau zu definieren. Branchenüblich sind hier eindeutig definierte Prozesse und Funktionszuordnungen, bestmöglich festgehalten in einem IT-Berechtigungs- und Administrationskonzept. Nicht selten sind Buchhaltungs- und Warenwirtschaftssysteme essenzielle Bestandteile der Umsetzung der täglichen Unternehmenszielerreichung.

TIPP: Rahmenwerke, die schon vordefinierte Prozesse mit festgelegten typischen Risiken und Kontrollen bieten, sind in der Praxis sehr hilfreich. ITIL und COBIT sind solche Rahmenwerke, die Hilfestellung für die Abwicklung von IT-Agenden von der Planung, der Beschaffung, der Administration bis hin zur Prozess- bzw. Kontrollgestaltung geben und zu Implementierungs- und Prüfungszwecken sehr gute Vorlagen bieten (ITIL 2009; COBIT 2005).

Diese ausgewählten Prozesse bzw. Prozessketten sind in kaum einem Unternehmen als nicht prioritär zu sehen. Der Fokus ist je nach Branche erweiterbar. Andere sensible Bereiche und Prozesse in der Lebensmittelherstellung, der Pharmaindustrie, in Unternehmen, die Rohstoffe anbauen bzw. abbauen, der Luftfahrt und der Forschung bedürfen unter Umständen darüber hinaus einer genauen Analyse, wenn sie für den Unternehmenserfolg zentral bzw. mit erheblichen Risiken verbunden sind. Diese sind, sofern sie rechnungslegungsrelevant sind, ausgehend von der ihnen zugemessenen (meist monetär bewerteten) Wichtigkeit in derselben Art und Weise zu analysieren wie die dargestellten Prozessketten. Die Art der Analyse, wie sie in Folge anhand eines Beispiels genauer beschrieben werden soll, ist auch auf nicht rechnungslegungsrelevante Prozesse anzuwenden, z. B. wenn strenge Rechtsvorschriften eingehalten werden müssen bzw. mit sensiblem Material hantiert wird. Auch in diesem Fall sind Belege jeglicher Art hilfreich, um transparent darzustellen, dass die Möglichkeiten geschaffen wurden, rechtskonform zu agieren, und um formell nachzuweisen, dass rechtliche Vorschriften eingehalten wurden. Am Beispiel der Ausgangsrechnungsabwicklung soll genauer darauf eingegangen werden, wie eine Analyse dieses Bereichs in der Praxis aussehen kann.

 CHECKLISTE: Beispiel Ausgangsrechnungsabwicklung – zu untersuchende Bereiche

Folgende Unternehmensbereiche sind dabei genauer zu untersuchen:

- Vertrieb,
- Materialwirtschaft,
- Lager,
- Rechnungswesen (Debitorenbuchhaltung).

Am Beispiel der Ausgangsrechnungsabwicklung können – vorausgesetzt die Umfeldanalyse hat ergeben, dass die wichtigsten Fakten der Teilbereiche eindeutig dokumentiert sind – Teilprozesse miteinander verbunden werden. So soll nachvollziehbar werden, welche Mitarbeiter durch die Ausführung welcher Aktivitäten die Werte des betrachteten Kontos bzw. einer Kontengruppe beeinflussen können. Im besten Fall lassen sich alle wichtigen Prozesse aus einer Prozesslandkarte entnehmen und Zusammenhänge z. B. wie in Bild 4.13 – zunächst als Überblick – darstellen.

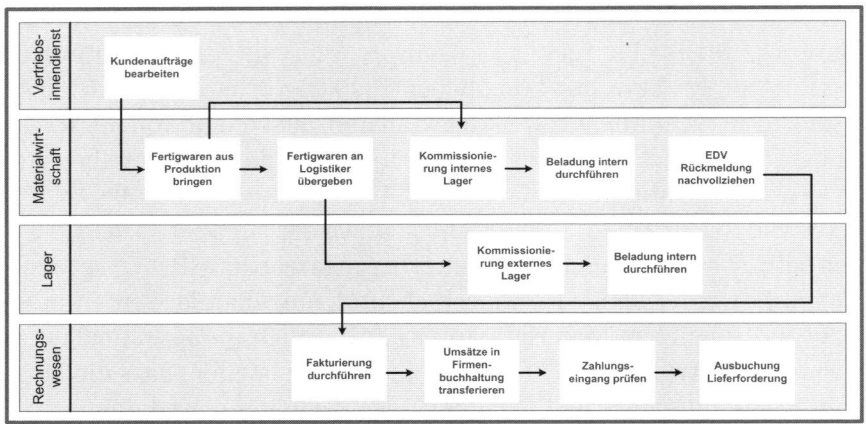

Bild 4.13 Praxisbeispiel Prozessüberblick Ausgangsrechnungsabwicklung in Form einer Swimlane-Darstellung

Die Analyse dieser Abläufe setzt eine Systematisierung derselben im Hinblick auf die Einflussnahme unterschiedlicher Prozesse bzw. Abteilungen auf die Risikosituation voraus. Es ist naheliegend, dass schon vorhandene Prozessdokumentationen für die Schaffung eines Überblicks über alle risikobehafteten Aktivitäten hilfreich sind.

 HINWEIS: Es empfiehlt sich auch hier, Workshops mit einzelnen Gruppen (z. B. Vertriebsinnendienst, Materialwirtschaft, Lager, Rechnungswesen) durchzuführen und das Gesamtergebnis am Ende nochmals gemeinsam zu evaluieren! Eine andere Art der Gruppierung der Workshop-Teilnehmer kann entsprechend den Prozessteams erfolgen. Auch für die Durchführung dieser Workshops ist bestmögliche Vorbereitung essenziell! Je mehr Sie als Implementierer bzw. Projektleiter über die typischen und untypischen Schwierigkeiten im untersuchten Bereich schon im Vorfeld wissen, desto eher werden Sie auf die richtigen Fragestellungen objektive Antworten bekommen. ∎

 CHECKLISTE: Beispiel Ausgangsrechnungsabwicklung – Workshop-Fragen

Für die Workshops sollten Sie zumindest folgende Fragestellungen parat haben:

- Gibt es einen Leistungskatalog, der die Leistung und Unterschiede zwischen den Leistungen eindeutig beschreibt und so verständlich macht?

- Sind für bestimmte Leistungen oder Leistungsgruppen Einschränkungen hinsichtlich der Kundengruppen (z. B. Verkauf nur an Spezialhändler mit fachlichem Wissen) vorgegeben?
- Sind für bestimmte Leistungen oder Leistungsgruppen Preisspielräume vorgegeben?
- Sind für bestimmte Leistungen oder Leistungsgruppen Verrechnungsparameter vorgegeben?
- Ist für bestimmte Leistungen oder Leistungsgruppen jegliche andere Art von Vorgaben definiert?
- Definiert dieser Leistungskatalog bei interner Entwicklung eines Produkts bzw. einer Dienstleistung die zu leistenden Schritte bzw. Elemente im Sinne der Inputfaktoren (z. B. Rezepturen, Produktionsanweisungen etc.)?
- Wie werden Kundenbestellungen genau abgewickelt? Gibt es Freigabeschwellen? Welchen Vorgaben unterliegen Kulanzabwicklungen?
- Auf welcher Basis werden Sofortrabatte vergeben?
- Wie stringent sind die Vorschriften zur Auftragsannahme bzw. die Unterschriftenregelungen?
- Gibt es eine formelle interne Beauftragung? Wenn ja, wie ist sichergestellt, dass diese nachvollziehbar ist?
- Wer ist verantwortlich für die Auslieferung der Ware bzw. die Durchführung der Dienstleistung? Gibt es Qualitätsreglements für die Lieferung an den Kunden?
- Wo bzw. wie werden Lieferscheine und etwaige Vermerke administriert (z. B. formal abgelegt)?
- Auf Basis welcher Daten erfolgt die Rechnungserstellung?
- Welche Vorgaben gibt es bezüglich der Zahlungsabwicklung?
- Welche Regelungen gibt es bezüglich der Zahlungskonditionen bzw. der Skontoabwicklung?
- Gibt es bestimmte Mahnstufen, einen Mahnplan oder sonstige Vorgaben, wenn Rechnungen nicht bezahlt werden?
- Wer kann die Buchung der Zahlung in den internen Systemen durchführen?
- Wer ist für die Steuerverrechnungskonten zuständig?
- Welche Regelungen gibt es bezüglich der Bildung von Rückstellungen bzw. etwaigen Wertberichtigungen?

- Gibt es Vorgaben für die Voraussetzungen für Stornierungen und deren buchhalterische Abwicklung?
- Welche Systeme werden von der Bestellung bis hin zur Verrechnung genutzt?
- Sind alle Belege entweder in analoger oder digitaler Form so vorhanden, dass sie nicht abänderbar sind?
- Werden diese Belege, sofern rechtlich vorgeschrieben, entsprechend verwahrt? Wenn ja, wie und wo?
- Sind diese Belege in den Systemen entsprechend nachvollziehbar?

Belege, die die Übereinstimmung des vorgegebenen Ablaufs „belegen", und Systeme, die typischerweise dafür genutzt werden, sind in Tabelle 4.1 aufgeführt.

Tabelle 4.1   Belegflussübersicht

Beleg	System
Einmalbestellungen mit Mengen- und Preisangabe und etwaigen Sofortrabatten oder Jahresvereinbarungen mit vertraglich bindenden Konditionen (z. B. bei Großkunden)	Warenwirtschaftssystem Debitorenbuchhaltungssystem
unter Umständen notwendige Bestellfreigabe	z. B. analog abgelegter Beleg in der Debitorenbuchhaltung
Rechnung	Debitorenbuchhaltungssystem
Artikelstamm und Minusmengenbuchung	Warenwirtschaftssystem
Gutschrift	Debitorenbuchhaltungssystem
unter Umständen notwendige Gutschriftenfreigabe	z. B. analog abgelegter und unterzeichneter Beleg in der Debitorenbuchhaltung
Abweichungs- und Fälligkeitslisten	in den meisten Fällen analog in der Debitorenbuchhaltung
Mahnungen	Debitorenbuchhaltungssystem
Lieferschein bzw. Lieferscheinvermerk	unterzeichnet vom Empfänger – analog in der Warenwirtschaft
Belastungsnote	Debitorenbuchhaltung in Form der Buchung der Wertberichtigung
Meldung beim Umsatzsteuerfinanzamt	geprüfter, gezeichneter und abgelegter Saldoabgleich und Meldebestätigung

Belege in diesem Sinne könnten z.B. für eine Bestellfreigabe auch eine E-Mail der zuständigen Person sein oder ein digitaler Lieferschein. Die Form des Belegs ist hier zweitrangig. Wichtig sind

- die Eindeutigkeit (z.B. nicht veränderbarer Datensatz),
- die Nachvollziehbarkeit des Verfassers,
- die Nachvollziehbarkeit des Inhalts,
- die Nachvollziehbarkeit des Datums.

 HINWEIS: Der Abschlussprüfer wird diese Belege einer formellen – auf die Existenz des Belegs und der notwendigen (bzw. rechtlich angeforderten) Information – und einer materiellen Prüfung bezüglich der Qualität des Inhalts unterziehen. Die Informationen der unterschiedlichen Belege müssen konsistent sein und dürfen einander nicht widersprechen! Sind diese Belege für wesentliche Prozesse in einer Belegflussübersicht aufgelistet, erspart dies im Falle einer Wirtschaftsprüfung Zeit und Geld!

Instrumente der Prozessanalyse im Internen Kontrollsystem

Via **Belegflussanalyse** werden die Existenz und Einmaligkeit der Belege und die Konsistenz der Inhalte der unterschiedlichen Belege geprüft. Die Einhaltung der Funktionstrennung in der gesamten Prozesskette zwischen Beauftragung, Genehmigung, Durchführung, Verbuchung/Verwaltung, Bezahlung und Kontrolle bedeutet, dass kein Mitarbeiter Aktionen ausführen darf, wenn er auch Aktionen einer vorgelagerten oder nachgelagerten Funktion in einem als wesentlich identifizierten Ablauf mit direkter Auswirkung auf die Rechnungslegung ausführt. In der Regel werden ohnehin Mitarbeiter unterschiedlicher Abteilungen für die Ausführung der Schritte, die über eine Funktion hinausgehen, verantwortlich sein.

 HINWEIS: In der Praxis bewährt sich die Nutzung des klassischen Prozessmanagements. Dies gilt auch für die grafische Darstellung der Integration von Kontrollen als Arbeitsschritt. Die Darstellung einer Funktionstrennung und der zu analysierenden Belege kann einfach in einem Ablaufdiagramm abgebildet werden (Bild 4.14 und Bild 4.15).

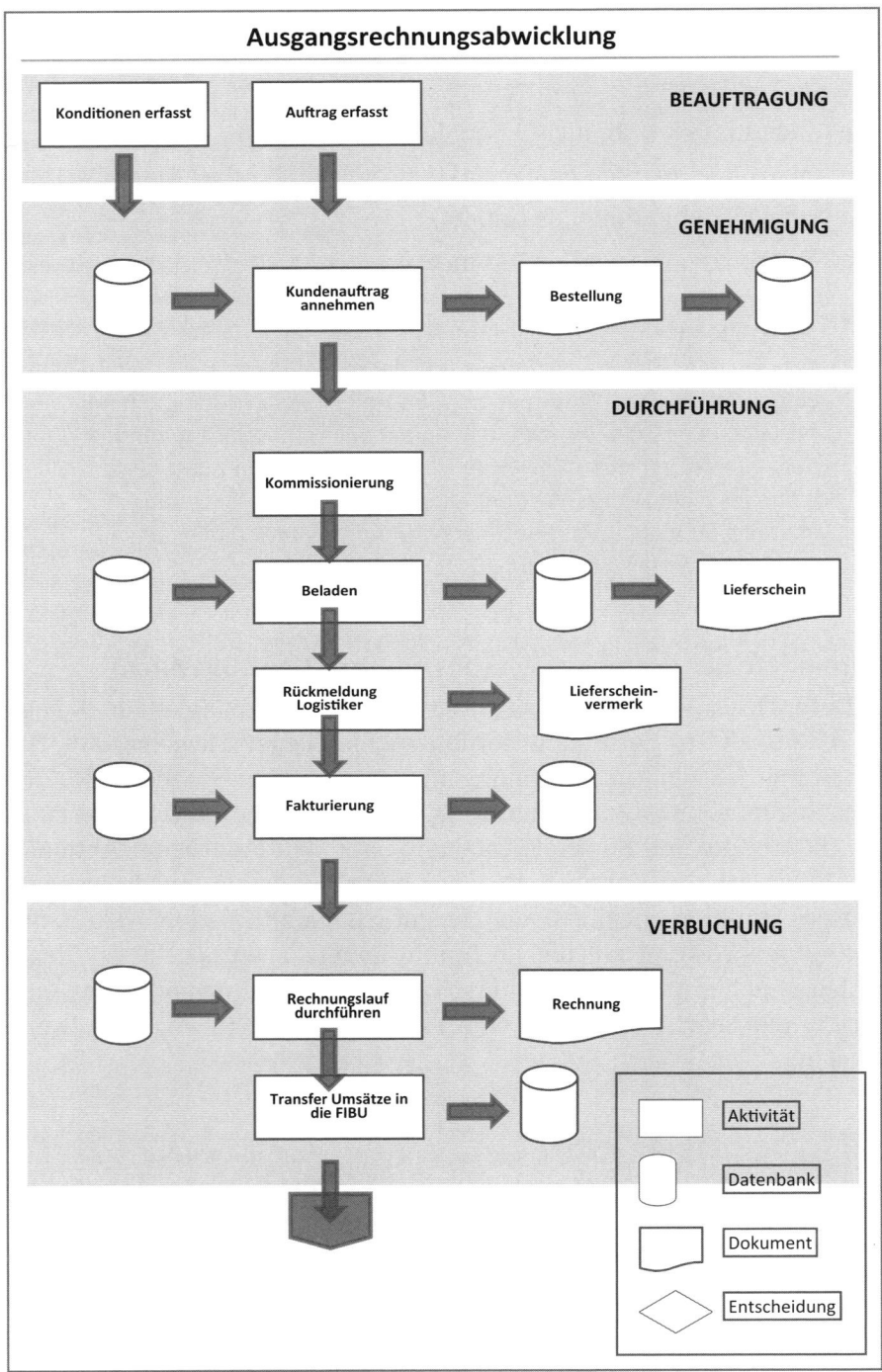

Bild 4.14 Schematische Darstellung einer Ausgangsrechnungsabwicklung (Teil 1)

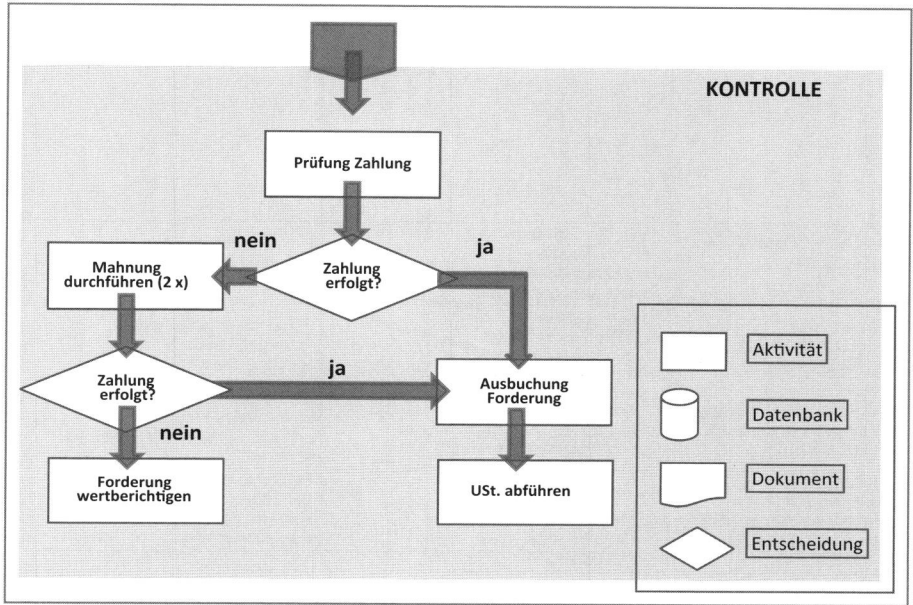

Bild 4.15 Schematische Darstellung einer Ausgangsrechnungsabwicklung (Teil 2)

Sonstige Analysemethoden

Bei Anwendung sonstiger klassischer Prozessanalysemethoden wie z. B. der **Fehlermöglichkeits- und -einflussanalyse (FMEA)** muss darauf geachtet werden, dass Prozesse immer nach Maßgabe der Einhaltung der Ziele des Risikomanagementsystems untersucht werden. Im Falle der Umsetzung des IRMS-Modellgedankens sind das die Richtigkeit und Vollständigkeit der Rechnungslegung, die Rechtskonformität der Handlungen, die Risikominimierung und die Nachvollziehbarkeit der wesentlichen Handlungen.

Morphologische Analysen sind Hilfsmittel, um zusammenhängende Risiken unterschiedlicher Prozesse bzw. Bereiche darzustellen. Diese Risiken müssen nicht unbedingt in einer typischen Prozesskette so in Verbindung stehen, dass sie einen rechnungslegungsrelevanten Bereich abdecken. Unterschiedliche Risiken in gleichen, aber auch in unterschiedlichen Unternehmensbereichen werden auf das Zusammenspiel von Ursache und Wirkung untersucht.

In einem ersten Schritt können grafisch Zusammenhänge gekennzeichnet werden. Die schon erstellte Risikoliste, die im Zuge der Risikoidentifikation und Erstbewertung angelegt wurde, kann dafür als Basis dienen (Bild 4.16).

lfd. Nr.	Identifizierte(s) Chance/ Risiko	Beschreibung Chance/ Risiko	Potentieller Schaden	Ursache
25	Ungeplante Ausfälle von Mitarbeitern in Schlüsselpositionen	Wissens- und Know how-Verlust. Wissens-transformation ist nur schwer bzw. unmöglich	Andere Mitarbeiter neg. beein-flussend	Unterbesetzung und Über-arbeitung der Projektleiter über sehr lange Zeiträume
26	Zeitraum- und funktionsorientierte Kapazitätsengpässe	Fehlende Vorausplanung/ Einsatzplanung führt zu Produktionsausfällen, Mehrarbeit, Konflikten	Mit Aufwand behebbar	Fehlendes Multiprojekt-management und Personaleinsatzplanung
27	Bewusste oder unbewusste Leistungszurückhaltung oder Überleistung	Einschränkungen in Qualität und Quantität, oder Burn-Out durch Übermotivation	Andere Mitarbeiter neg. beein-flussend	Zieleplanung unkoordiniert, unabgestimmt mit Abteil-ungszielen, Leistungsanreize tlw. unrealistisch
28	Verletzung der arbeitesvertraglichen Treuepflicht oder Begehen von Wirtschaftsstraftaten	Bewusste oder unbewusste Schädigung des Unternehmens	Potentiell existenz-bedrohend	Fehlende Rechtsbildung und Schaffung v. Risikobewusstsein, kein Rechtskatalog, keine int. Regelungen f. sensible Bereiche

Bild 4.16 Praxisbeispiel: Ursache–Wirkungs-Zusammenhänge von unterschiedlichen Risiken

Enthält die Risikoliste auch einen Überblick über Ursachen und Folge-schäden des ursprünglichen Risikos oder z. B. vorgelagerte und nachge-lagerte wesentliche Aktivitäten, können noch leichter Abhängigkeiten und Zusammenhänge identifiziert werden.

 CHECKLISTE: Inhalte eines erweiterten Risikoblattes

Das Risikoblatt sollte um die Bereiche

- Ursachen,
- vorgelagerte und nachgelagerte wichtige Aktivität(en) und
- Folgerisiko bzw. -risiken

erweitert werden, um damit auch eine brauchbare Basis vor allem für die Definition der Maßnahmen zur Risikosteuerung zu gewähr-leisten. Zur Sicherstellung der Effizienz der Maßnahmenausführung ist es zentral, unterschiedliche Risiken und deren Auswirkungen auf andere Risikobereiche bzw. Risiken zu kennen.

TIPP: Je übersichtlicher – aus formeller Sicht – die Zusammenfassung der Risiken ist, desto leichter können Zusammenhänge erkannt werden. Hier sind auch Tabellenformate (MS Excel, Numbers etc.) mit Verknüpfungen zwischen unterschiedlichen Risiken von Vorteil. Unterschiedliche Arten von farblichen Kennzeichnungen bzw. Links oder grafische Verknüpfungen jeglicher Art erleichtern den Überblick oft wesentlich. Die Ersterhebung der Risiken ist nicht selten mit großem Aufwand verbunden. Es zeigt sich jedoch, dass ein Großteil der wesentlichen Risiken einer Branche oder einer speziellen Unternehmensstruktur, einem Gewerbe oder bestimmten Unternehmensumwelten – extern wie intern – inhärent sind. Die einmalige Ersterhebung – sofern in entsprechender Qualität umgesetzt – und der damit verbundene (einmalige formale) Aufwand stehen in keinem Verhältnis zur täglichen Arbeit des Risikomanagements!

4.2.6 Schritt 5 – Steuerungsmaßnahmen definieren und umsetzen

Unterschiedliche Risiken brauchen unterschiedliche Steuerungsmaßnahmen. Hierbei müssen Kosten-Nutzen-Überlegungen, die Entdeckbarkeit der Ursachen und Folgen, die grundsätzliche Einschätzbarkeit des Eintretens des Schadens und dessen (monetäre) Auswirkungen sowie die Möglichkeit der Einflussnahme auf den Risikoeintritt und potenzieller Folgen berücksichtigt werden. Die klassische Risikomanagementtheorie unterscheidet dabei folgende Maßnahmengruppen, Vorgehensweisen bzw. „Strategien":

- vermeiden,
- vermindern,
- streuen,
- überwälzen,
- selbst tragen,
- akzeptieren.

Aus Sicht der Arbeitssicherheits- und Gesundheitsschutz-Management-systeme wird bei den Steuerungsarten die nachstehende Rangfolge vorgegeben (vgl. dazu OHSAS 18001, Kapitel 4.3 Planung):

- eliminieren,
- ersetzen,
- technische Maßnahmen,
- Kennzeichnung/Warnhinweise und/oder organisatorische Lenkungsmaßnahmen,
- persönliche Schutzausrüstung.

Dies ist ein Ausschlussverfahren, das Schritt für Schritt abzuarbeiten ist und damit keinen Spielraum lässt.

Welche Art der Risikosteuerung gewählt wird, hängt von vielen Faktoren ab. Je nachdem, ob die Eintrittswahrscheinlichkeit und -häufigkeit schon vor der Durchführung einer risikobehafteten Aktivität bzw. dem Auftreten einer Ursache beeinflussbar ist bzw. wie die Einschätzbarkeit des Risikoeintritts ist und mit welchen Reaktionszeiträumen gerechnet wird, werden unterschiedliche Formen der Risikosteuerung sinnvoll sein. Ob es möglich ist, Risiken durch klassische Risikovermeidung oder -verminderung zu steuern, hängt davon ab, ob Ursachen „eindämmbar" sind oder z. B. nur mehr Schadensbegrenzung möglich ist, sobald ein Risiko schlagend wird.

Nach diesen Kriterien unterscheidet man grob in **proaktives und reaktives Risikomanagement**. Bei proaktivem Risikomanagement werden Maßnahmen ergriffen, um das Risiko überhaupt zu umgehen bzw. zu verkleinern, indem man schon vor dem Eintritt einer möglichen Ursache, die zu einem potenziellen Risiko führt, aktiv steuert. Maßnahmen wie Risikovermeidung, -verminderung und -begrenzung fallen unter diese Gruppe. Im Falle des reaktiven Risikomanagements wird das Risiko schlagend und es können nur noch die Folgen des Risikoeintritts gesteuert werden. Weder die Ursache noch das Risiko selbst wird in seiner Eintrittshäufigkeit oder -wahrscheinlichkeit beeinflusst. Risiken, die aus unterschiedlichen Gründen schlicht akzeptiert werden bzw. werden müssen, werden nicht aktiv gesteuert und fallen unter die Gruppe Risikoakzeptanz. Bild 4.17 zeigt die Steuerungsmaßnahmen in Abhängigkeit von der Einschätzbarkeit und der Beeinflussbarkeit.

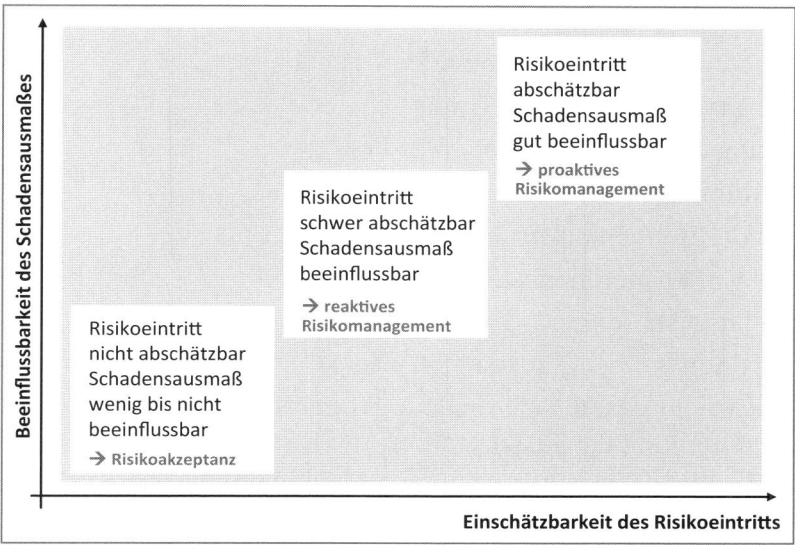

Bild 4.17 Steuerungsmaßnahmen in Abhängigkeit von Einschätzbarkeit und Beeinflussbarkeit

Risiken vermeiden

Der Eintritt von Risiken kann vermieden werden, indem die Ursache des Risikos bzw. Schadensfalles – d. h. das Risiko in seinem Ursprung – schon vermieden wird. Es handelt sich um eine präventiv gesetzte Maßnahme, d. h. eine Maßnahme, die vor Eintritt des tatsächlichen Risikos oder der Ausführung einer risikobehafteten Aktivität gesetzt wird. Mögliche Maßnahmen in diesem Zusammenhang können beispielsweise sein:

- Verlagerung von Aktivitäten (in ein anderes Land),
- Aufgabe von Aktivitäten (Einstellung der Herstellung des Produkts),
- Anpassung von Prozessabläufen, Verfahren (Umstellung von Material a auf Material b).

Risiken vermindern

Unter Risikoverminderung ist zu verstehen, dass Aktivitäten gesetzt werden, die die Häufigkeit der Ursachen für den Eintritt eines Schadens positiv beeinflussen. Präventiv werden Maßnahmen gesetzt, damit Risiken seltener schlagend werden. Solche Maßnahmen können beispielsweise sein:

- *Technische Maßnahmen*, beispielsweise
  - sicherheitstechnische Einrichtungen,

- Back-up-Maßnahmen bezüglich EDV-Hardware und -Software oder
- Qualität der Einsatz-, Hilfs- und Betriebsstoffe.
- *Personelle Maßnahmen*, beispielsweise
  - Ausbildung des Personals oder
  - Personalführung.
- *Organisatorische Maßnahmen*, beispielsweise
  - Auswahl von Kooperationspartnern oder
  - Arbeitsplatzgestaltung.

Risiken streuen

Unter Risikostreuung ist eine besondere Art der Risikoverminderung in Form einer Aufteilung der Risikoposition zu verstehen. Ein Risiko wird in mehrere Risiken geteilt. Aus einem Risiko wird dann sozusagen eine Risikogruppe mit ähnlichen Merkmalen (wie z. B. Schaden, einflussnehmende Personen), wobei sich die Ursachen jeweils unterscheiden. Mögliche Maßnahmen, um die Ursachen „zu beeinflussen", sind:

- Änderung bzw. Ausweitung der Produktpalette,
- Bestellung bei mehreren unterschiedlichen Lieferanten,
- Investition in unterschiedliche Märkte,
- Aufteilung von Handlungsspielräumen einzelner Akteure.

Risiken überwälzen

Werden präventive Maßnahmen gesetzt, um das etwaige Schadensausmaß verringern zu können, spricht man von Risikoüberwälzung. Beispiele dafür sind:

- privatrechtliche Vertragsgestaltung (Haftungs-, Gewährleistungsregelungen),
- Outsourcing von Unternehmensfunktionen,
- Abschluss von Leasingverträgen anstatt der Anschaffung von Vermögensgütern,
- Abschluss von Versicherungen.

 TIPP: Beachten Sie im Falle des Outsourcings, dass für Dienstleister, an die z. B. Agenden der Lohnbuchhaltung ausgelagert sind, dieselben rechtlichen Anforderungen Anwendung finden, wie sie für das Auftraggeberunternehmen gelten. Dies sollte bei der Implementierung entsprechend miteinbezogen werden.

Risiken selbst tragen

Sind Risiken sowohl in ihrer Eintrittswahrscheinlichkeit bzw. -häufigkeit als auch in ihrem Schadensausmaß nur schwer begrenzbar, so können diese durch den Einsatz von klassischen Vorsorgemaßnahmen wie der Bildung von Rückstellungen für etwaige Schadens- bzw. dem Ansparen für drohende Risikoeintrittsfälle in der Organisation selbst gesteuert werden. In diesem Fall spricht man von „Risiken selbst tragen".

Risiken akzeptieren

Sind Risiken nicht versicherbar und/oder in deren Ursache und dem Schadensausmaß nicht beeinflussbar, so sind diese schlichtweg zu akzeptieren. Jeder Aktion, jedem Unternehmen sind außerdem mögliche Schäden inhärent, die noch nie aufgetreten sind, bzw. Risiken, die niemand bedacht hat. Diese können nicht aktiv gesteuert werden und werden daher als unbeeinflussbares Faktum akzeptiert.

Bild 4.18 zeigt die unterschiedlichen Risikosteuerungsmaßnahmen im Überblick.

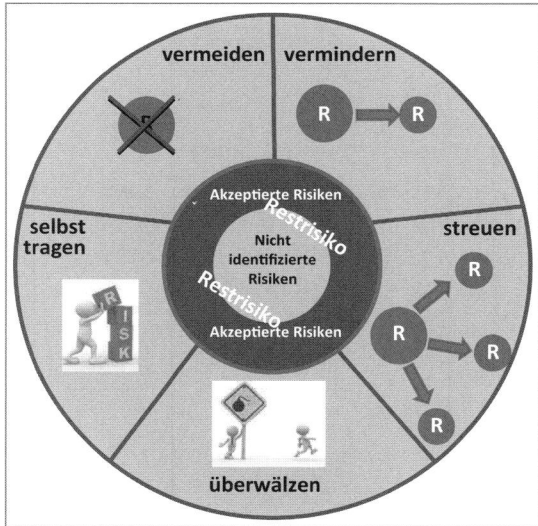

Bild 4.18 Überblick Risikosteuerungsmaßnahmen

Um auch bei der Maßnahmendefinition und der Aufzeichnung der mit der Risikosteuerung einhergehenden Aufgaben und Termine transparent zu bleiben, empfiehlt sich die Erweiterung des Risikoblatts für wesentliche Risiken um einen Maßnahmenplan bzw. ein Maßnahmenblatt (Bild 4.19), das Teil des Dokuments ist bzw. zu Kommunikationszwecken gedruckt und den Verantwortlichen im Sinne der bewussten Aufgabenübernahme zur Zeichnung übergeben werden kann.

Maßnahmenblatt				
RNr.: 25	Risiko: ungeplante Ausfälle von Mitarbeitern in Schlüsselpositionen			
Beschreibung: Wissens- und Know-how-Verlust, Wissenstransformation ist nur schwer bis unmöglich				
Risikofeld:	operationelle Risiken			
Gefahrengruppe:	MA mit Monopolwissen			
Ref.	Maßnahme	Wer ist verantwortlich?	Wann?	Status
A	Regelmäßige Adaption der Nachbesetzungsplanung im Führungsgremium	Vorstand und 2. Managementebene	Ende 2. Quartal	offen
B	Definierte Stellenbeschreibungen für Schlüsselpersonen freigeben	Vorstand Personal	Mai KJ	offen
C	Trainee-Programm High Potentials lancieren	Leitung Personalentwicklung	Mai KJ	offen
D	MA-Befragung und 360-Grad-Feedback umsetzen	Vorstand Personal	Februar KJ	offen

Bild 4.19 Beispiel Maßnahmenblatt

CHECKLISTE: Inhalte einer erweiterten Risikoliste

Alle Maßnahmen und sonstigen Aktivitäten können in eine erweiterte Risikoliste eingetragen werden, um die Nachvollziehbarkeit, Zuordenbarkeit der Maßnahmen zu den Risiken und den Gesamtüberblick sicherstellen zu können. Die bestehende Risikoliste kann z. B. um die Felder

- Maßnahmen,
- verantwortlich,
- bis wann und
- Status

erweitert werden und gibt so als erweiterte Risikoliste in einem beliebigen Tabellenformat einen guten Überblick über die Gesamtrisikosituation. Das Ausblenden und Einblenden von einzelnen Spalten bzw. die Gruppierung von Risiken, die z. B. als prioritär gesehen werden, sind praktikable Anwendungen.

Kontrolle als Steuerungsinstrument des Internen Kontrollsystems

Das Interne Kontrollsystem im Sinne des IRMS ist als Teil des Steuerungssystems der Risiken im Unternehmen zu sehen. Interne Kontrollen sind Vorgaben bzw. Inputs, die für die ordnungsgemäße Prozessausführung notwendig sind. Diese sind nicht als Kontrollen im Sinne der deutschen sprachlichen Auslegung zu sehen, sondern als Steuerungselemente von Risiken. Die Definition und entsprechende Verbreitung von Arbeitsanweisungen ist eine Art der übergeordneten Kontrolle. Wird also in der Praxis z. B. ein Vorgehensmodell für die Umsetzung eines oder mehrerer Arbeitsschritte verpflichtend vorgegeben, so ist dieses ein Mittel zur Risikovermeidung bzw. -verminderung.

 CHECKLISTE: Beispiele für übergeordnete Kontrollen

Klare und detaillierte Arbeits- und Dienstanweisungen für routinemäßige Arbeitsabläufe, Richtlinien,

- Festlegung von Abweichungstoleranzen,
- Stellenbeschreibungen mit Ziel, Kompetenz und Aufgaben der einzelnen Stellen zu definieren,
- Verfahrensvorgaben für sensible Geschäftsfälle,
- Änderungs-/Vernichtungs-/Aufbewahrungsvorschriften (wie, von wem, was, wo?),
- Vollmachts- und Berechtigungserteilung,
- Unterschriftenregelungen.

Sind Kontrollen direkt als Arbeitsschritte im Prozess integriert, so spricht man entweder von präventiven oder von detektiven Kontrollen. Erstere steuern im Vorfeld einer oder mehrerer risikobehafteter Aktivitäten das Risiko/die Risiken. Nach der Ausführung von risikobehafteten Aktivitäten sollen detektive Kontrollen potenzielle Risiken steuern.

Präventive Kontrollen sind in den Prozess integrierte Schritte, die durchlaufen werden müssen, um in Folge eine (risikobehaftete) Aktivität ausführen zu können.

CHECKLISTE: Beispiele für präventive Kontrollen

- Automatische Belegnummernvergabe,
- Zuordnung von Buchungen zu Buchungskreisen,
- Zugangskontrollen über Berechtigungssysteme oder Befugnis-erteilung (z. B. Ausweis, Zugangskarten),
- Freigabe von einzelnen Arbeitsschritten.

CHECKLISTE: Beispiele für detektive Kontrollen

Detektive Kontrollen sind Aktivitäten, die nach der risikobehafte-ten Aktivität folgen. Das sind typischerweise:

- (automatische) Vollständigkeitskontrollen,
- Auswertung von Kontrollsummen,
- formale und sachliche Richtigkeitsprüfungen,
- Durchführung von Soll-Ist-Abweichungen.

In einem Prozess können sowohl übergeordnete als auch präventive und detektive Kontrollen leicht dargestellt bzw. eingebettet werden. Ein Ausschnitt eines Prozesses der Ausgangsrechnungsabwicklung könnte nach Integration der Kontrollen wie in Bild 4.20 dargestellt aussehen. Die übergeordnete Kontrolle zeigt sich in diesem Beispiel als Beladungsvorschrift, die als Dokument im Unternehmen entsprechend den Transparenzkriterien behandelt werden muss.

Organisatorische Vorkehrungen wie das Vier-Augen-Prinzip oder die Funktionstrennungen zwischen Beauftragung, Genehmigung, Durchführung, Verbuchung, Bezahlung und der eigentlichen Endkontrolle, die eindeutig Verantwortungen zuordnen, sind ebenfalls als Kontrollen im Sinne des Internen Kontrollsystems zu sehen. Sie sind grafisch in Bild 4.20 als Aktionsgruppen zusammengefasst (und grau hinterlegt).

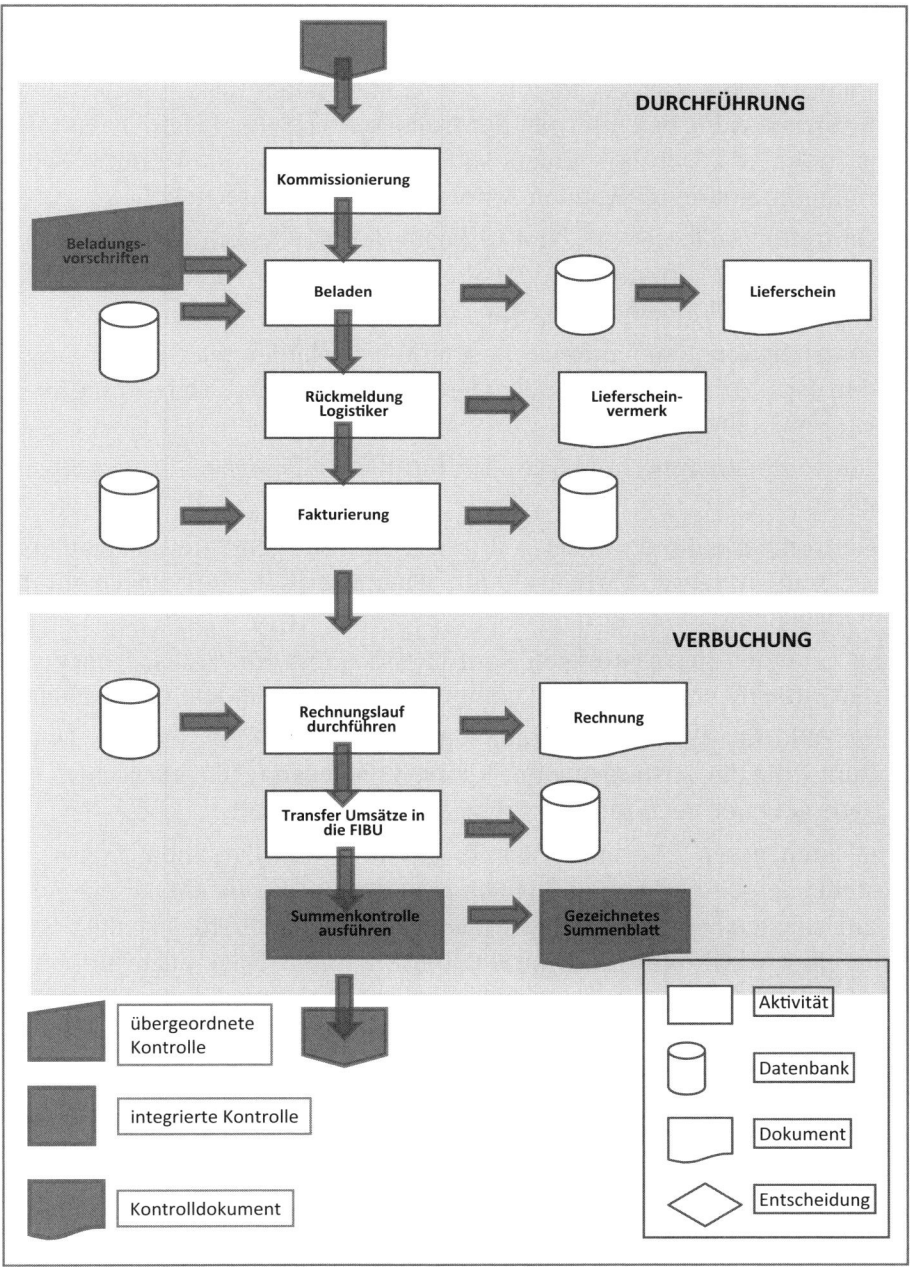

Bild 4.20   Ausschnitt aus der Ausgangsrechnungsabwicklung mit integrierten Kontrollen

Unterschiedliche Arten von Kontrollen eignen sich für unterschiedliche Prozesse und Rahmenbedingungen. Die Entscheidung, welche Kontrolle Sie tatsächlich einsetzen, folgt immer dem obersten Credo der bestmöglichen Anpassung des Internen Kontrollsystems an die Erfordernisse des Unternehmens. Darüber hinaus sollten die ausgewählten Kontrollmaßnahmen immer den folgenden Anforderungen entsprechen:

- Kontrollmaßnahmen müssen in Bezug auf die Anzahl der Wiederholungen, den Zeitpunkt, die Qualität und den Aufwand der Kontrolldurchführung angemessen sein.

- Kontrollmaßnahmen müssen Bestandteil der laufenden Geschäftstätigkeit/der Prozesse entweder als übergeordnete Vorgabe oder integrierte Aktivität sein.

- Kontrollmaßnahmen müssen sich auf die *wesentlichen Risiken* fokussieren.

- Kontrollmaßnahmen müssen durch Evidenzdokumente nachvollziehbar sein (Nachweisbarkeit als ein wichtiges Kriterium im Qualitätsmanagement).

- Im Falle der übergeordneten Kontrolle sind das den Transparenzkriterien entsprechend erstellte, kommunizierte und verwaltete Dokumente.

- Im Falle der präventiven oder detektiven Kontrolle sind das Dokumente, die die Ausführung der Kontrolle belegen (z. B. Unterschrift auf freigegebener Rechnung, Paraphe auf Summenliste).

Um einen guten Überblick über die Risikokontrollsituation – also die bestehenden und erkannten Risiken am Prozess – sowie die zu setzenden oder gesetzten Steuerungsmaßnahmen zu geben, empfiehlt sich die Erstellung einer **Risikokontrollmatrix**. Diese kann in Folge auch für beauftragte interne und externe Revisionsorgane als Basisdokument genutzt und erweitert werden.

Die Risikokontrollmatrix soll zeigen, welche Steuerungsmaßnahme in Form einer übergeordneten bzw. integrierten Kontrolle zu welcher Aktivität geplant ist und anhand welcher Belege die Evidenz der Kontrolle sichergestellt sein soll. Die Ausführenden des Kontrollschrittes sind als Kontrollverantwortliche definiert. Es soll festgehalten werden, wo die Belege entsprechend abgelegt und demnach zu finden sind und in welchen Abständen bzw. wann die Kontrollen durchzuführen sind.

Konsequent formal umgesetzt sollten sich in der Risikokontrollmatrix die laufende Risikonummer und die Risikobeschreibung in der Risikoliste wiederfinden (Bild 4.21).

Lfd. Nummer	Risikobehaftete Aktivität	Risiko	Beleg	Kontrollart (übergeordnet)/ Prozess	Kontrolle	Kontrollverantwortung	Evidenz	Frequenz	Monitoring
1	USt.-Zuordnung zu Rechnung	Falscher USt.-Satz zu Rechnung	Artikelstamm	P	Abweichungsabfrage	MA-Debitorenbuchhaltung	FIBU-System	Monatlich bei Abschluss	Prüfung von ähnlichen Abweichungen
2	Lieferscheinvermerk durch LGDL erstellt	Lieferscheinvermerk falsch	Physischer Lieferschein	P	Rückfrage beim Kunden	MA-Key-Accounts	Kundenakt	Monatlich bei Abschluss	Vergleich Lieferschein digital und physisch, Lieferscheinvermerk und Kundenakt
3	Abstimmung mit anderen KuVs im Ausland	Unabgestimmtes Vorgehen bei Preisverhandlungen	Preistabelle	Ü	Berechtigungskonzepte f. Datenbank	IT-Administrator	Ablage IT-Ordner und Personal-Ordner	Bei Versionsänderung	Vergleich Berechtigungskonzept und Auswertung LOG-Files

Bild 4.21 Beispiel – Auszug aus einer Risikokontrollmatrix

4.2.7 Schritt 6 – Risiko-Monitoring

Schritt 6 Risiko-Monitoring	• Prüfung der IRMS-Zielerreichung • Erstellung einer Revisionsliste
ZIEL➡ detaillierte Risikobeschreibung der priorisierten Risiken	

Als abschließender Schritt ist es notwendig, sicherzustellen, dass das Risikomanagement- und Interne Kontrollsystem funktionstüchtig ist und die Risikosteuerungsmaßnahmen entsprechend ausgeführt werden.

In der Regel werden interne bzw. externe Prüfer damit beauftragt, das System bzw. die implementierten Maßnahmen entsprechend zu evaluieren. Ist eine interne Revision mit dem Monitoring – also der Beurteilung der Leistungsfähigkeit des Systems und der Qualität der Risikosteuerung – beschäftigt, wird die Prüfung im Rahmen des Revisionsplans ausgeführt.

Hierbei wird die Prüfung der Erfüllung der Ziele 1 bis 4 des IRMS (vollständiges und richtiges Reporting, Normenkonformität „Compliance", Risikominimierung und Nachvollziehbarkeit der wesentlichen Handlungen) im Vordergrund stehen. Sind die Erwartungen des Managements bzw. „Hard Requirements" in die Zieleplanung miteingeflossen, sind auch diese zu berücksichtigen.

Im Revisionsplan werden Aktivitäten definiert, die darauf abzielen, die Qualität der Definition, Implementierung und Umsetzung der Systemziele bewerten zu können. Welche Aktivitäten das genau sein werden, hängt vom jeweiligen Zielfokus, der allgemeinen sowie speziellen Risikosituation, der Gruppierung der Risiken, dem Informationsstand und der Dokumentationsqualität über Details der Risikosteuerung, etwaigen Veränderungen des Systemumfelds und vielen anderen Faktoren ab.

Grundsätzlich sollen aber zumindest die folgenden Fragestellungen im Zuge der Prüfung erschöpfend beantwortet werden.

 CHECKLISTE: Grundsätzliche Fragestellungen

- Ist der Systemaufbau des Risikomanagement- und Internen Kontrollsystems nachvollziehbar und entsprechend dokumentiert?
- Wurden die Erwartungen des Managements an das System erfüllt?
- Anhand welcher Indikatoren kann dies gemessen bzw. (eindeutig) beantwortet werden?

- Wie ist das tatsächliche Bekenntnis des Managements zum System und den zu setzenden Maßnahmen? Hat tatsächlich „Vorbildwirkung" stattgefunden?

- Entsprechen die Systemziele den übergeordneten und untergeordneten Zielsetzungen? Sind diese umsetzbar?

Ziel 1: Vollständigkeit und Richtigkeit der Rechnungslegung

- Sind alle als wesentlich identifizierten Prozesse dokumentiert und Kontrollen dazu definiert, integriert und dokumentiert?

- Entspricht die Funktionstrennung im Organigramm einem etwaigen Funktionskonzept und der Zuteilung der Verantwortungen in den wesentlichen Prozessketten?

Ziel 2: Normenkonformität „Compliance"

- Wurden alle bekannten Sicherheits- und Haftungsrisiken, die wesentlich sind, erfasst und werden diese entsprechend gesteuert?

- Sind wichtige interne und externe (Rechts-)Normen übersichtlich zusammengefasst, den Entscheidungs- und Durchführungsverantwortlichen bekannt und für diese verständlich? Werden diese Normen umgesetzt?

- Gibt es einen Rechts-/Normenverantwortlichen?

Ziel 3: Risikominimierung

- Sind alle wesentlichen (bekannten) Risiken im Unternehmen systematisch erfasst?

- Werden die wesentlichen Risiken aktiv gesteuert? Sind die Ergebnisse der Steuerung eindeutig nachvollziehbar und dokumentiert?

- Sind die Rollen des Risikomanagements entsprechend definiert, kommuniziert und werden diese auch gelebt?

- Ist sichergestellt, dass die unterschiedlichen Risikomanagementrollen nicht sonstigen Rollen und Funktionen im Unternehmen widersprechen?

Ziel 4: Nachvollziehbarkeit der wesentlichen Handlungen

- Wurden die risikopolitischen Rahmenbedingungen bzw. Grundsätze definiert und so kommuniziert, dass sie den Entscheidungs- und Durchführungsverantwortlichen bekannt sind, sie verstanden wurden und entsprechend umgesetzt werden konnten?

- Entspricht die Dokumentation den Mindestanforderungen an Transparenz?

Sind die Antworten zufriedenstellend, so ist das System als intakt zu beurteilen.

Unterschiedliche Hilfsmittel werden in der Praxis für das Monitoring eingesetzt. Je genauer die Dokumentation in Form von Risikolisten, Risikoblättern, Maßnahmenlisten, Risikokontrollmatrizen und Prozessdokumentationen, desto leichter die Nachvollziehbarkeit für das Monitoring! Bild 4.22 zeigt einen Auszug aus der Revisionsliste, die auf einer Risikokontrollmatrix basiert.

risikobehaftete Aktivität(en)	UST Zuordnung zu zu Rechnung	Lieferscheinvermerk durch LGDL erstellt	Abstimmung mit anderen KuVs im In- und Ausland
Risiko Nr.	138	126	114
Risiko	falscher UST-Satz zu Rechnung (Fehler in Artikelstammpflege) → ZM im Folgemonat falsch	Abweichung lt. Lieferscheinvermerk ist unrichtig	Suboptimale, nicht abgestimmte Preisverhandlungen durch fehlende Informationsweitergabe/-fluss im Unternehmen
Beleg	Artikelstamm	Physischer Lieferschein	Preistabelle
Kontrollart (überg./Prozess)	P	P	Ü
Kontrolle	Abweichungsabfrage Artikelnummer zu Ust-Gruppe oder präventive Festlegung des Ust-Satzes zu bestimmten Artikelgruppen	Bei Abweichungen werden die Lieferscheine mit Vermerk vom Logistikdienstleister in physischer Form angefordert → im Wiederholungsfall fragt key-Accounter beim Kunden zur Abweichung nach	Berechtigungskonzept für Datenbank in aktueller Version
Kontroll-Verantwortlicher	MA-Kreditoren-Buchhaltung	Key-Accounter	IT-Administrator 1
Evidenz	FIBU-System	Kunden-Akt	Ablage IT-Ordner
Frequenz	monatlich bei Abschluss	im Anlassfall	bei Änderung neue Version
Prüfungsziel	Sicherstellung des aktuellen und richtigen Status der Zuordnung der Artikel zum UST-Satz	Nachvollziehbarkeit der Abweichungen prüfen Auffälligkeiten bei wiederholten	Berechtigungskonzept entspricht Funktionsbeschreibung Key-Accounter
Prüfungsschritte	Prüfung von Auffälligkeiten bzw. ähnlichen Abweichungen (gleiche Artikelkreise etc.), die immer wieder passieren etwaige Überarbeitung Zuordnungslisten für System	Vergleich Lieferschein (digital und phyisch), Lieferscheinvermerk, Kundenakt	Auswertung IT-Zugangsberechtigungen Auswertung Log-File über tatsächlich Zugänge Vergleich mit Liste Funktionsträger Interview Funktionsträger ohne Zutritte zum System

Bild 4.22   Auszug aus der Revisionsliste auf Basis der Risikokontrollmatrix

TIPP: Um die Maßnahmen erweiterte Risikolisten bzw. Risikokontrollmatrizen können als Basisdokumente genutzt werden, um z. B. Prüfschritte zu den einzelnen Risiken und Steuerungsmaßnahmen zu planen bzw. den Prüfungsstatus zu dokumentieren.

■ 4.3 Exkurs: IT-Tool-Auswahl

Um die Administrierbarkeit des Risikomanagementsystems sicherzustellen, ist es notwendig, sich rechtzeitig Gedanken über ein passendes elektronisches Erfassungs- und Bearbeitungs-Tool zu machen.

 HINWEIS: Evaluieren Sie zeitgleich mit der Umsetzung des Schritts 1 des IRMS-Modells bestehende Systeme (als Teil des Systemumfelds) und prüfen Sie etwaige Erweiterungsmöglichkeiten. Eine Entscheidung für ein (bestehendes oder neues) Tool ist bestmöglich vor Projektbeginn – also dem Umsetzungsbeginn mit dem Start des Schritts 2 des IRMS-Modells – zu treffen.

Listenlösungen über MS Excel bzw. Tabellendarstellungen für andere Betriebssysteme geraten im Falle einer komplexen Risikomatrix früher oder später an ihre Grenzen. Mit der Fülle der Risiken, Bewertungskriterien bzw. Priorisierungen, definierten Maßnahmen und Verantwortlichen und einer etwaigen Berücksichtigung von Monitoring-Aktivitäten wird die Tabellendarstellung schnell unübersichtlich. Spezielle Enterprise-Resource-Planning-Anwendungen zum Thema Risikomanagement sind vor allem bei der Abwicklung der Kontrollen zur Risikosteuerung nur begrenzt – also im Bereich der automatischen Kontrollen – einsetzbar. Andere Daten müssen entsprechend eingepflegt werden, um Output zu generieren.

Mittlerweile werden zahlreiche IT-Tools am Markt angeboten, die sich für die Implementierung und dauerhafte Umsetzung des IRMS gut eignen. Nachfolgend einige grundsätzliche Anforderungskriterien an ein IT-Tool:

CHECKLISTE: Anforderungen an ein IT-Tool im Risikomanagement

- Verknüpfung der Risiken mit den IRMS-Zielen,
- Möglichkeit der Gruppierung von Risiken,
- Suchfunktion,
- aggregierte Abbildung der Risiken in einer Matrix,
- Bewertung (mindestens zwei Kriterienausprägungen pro Kriterium),
- Definition der Steuerungsmaßnahmen, des Umsetzungsverantwortlichen und Verfolgung des Status der Maßnahmenumsetzung,
- Erinnerungsfunktion für den Umsetzungsverantwortlichen (z.B. via E-Mail) von Risikosteuerungsmaßnahmen – im Speziellen auch für integrierte Kontrollen im Prozess,
- Rollen laut Rollenkonzept definierbar,
- Einbindung der Risiken in die Abläufe des Unternehmens,
- Darstellbarkeit der unterschiedlichen Arten (Vier-Augen-Prinzip, Funktionentrennung etc.) von Kontrollen im Flussdiagramm.

CHECKLISTE: Anforderungen an das IT-Tool in Bezug auf Reporting und Auswertungsmöglichkeiten

Auswertung über die IKS-relevanten Prozesse, deren Kontrollen (Zyklen) und auch Übersicht über die durchgeführten Kontrollen:

- vordefinierte Standardreports,
- IT-Schnittstellen,
- Systembrüche,
- Prozessschritte mit Risiko,
- Übersicht Risiken pro Gruppe,
- Durchlaufzeiten (Ist/Soll),
- Export aller Inhalte in gängige Formate (xls, doc, jpg etc.).

HINWEIS: Stellen Sie sicher, dass angebotene Funktionalitäten tatsächlich existieren und den erwarteten Output liefern. Derzeit boomt der Markt für IT-Systeme im Organisationsentwicklungsbereich, speziell im Bereich Risikomanagement und Compliance. Demoversionen oder Musterinstallationen sollten daher genau geprüft werden!

HINWEIS: Der Nutzen eines Werkzeugs, wie hoch der Automatisierungsgrad auch sei, kann nur so gut sein wie die Qualität der Inputs. Ein konsistent aufgebautes System, das die Anforderungen des täglichen Geschäfts erfüllt, muss Voraussetzung dafür sein, dass ein Werkzeug, gefüllt mit den Risikoplanungs- und -steuerungdaten, sinnvolle Ergebnisse liefert. Die Implementierung eines Risikomanagement-Tools ersetzt nicht die Aktivitäten der Risikosteuerung im Unternehmen!

■ 4.4 Literatur

- Allgemeines Bürgerliches Gesetzbuch (ABGB), österreichisches Bundesgesetz, Fassung vom 24. März 2011
- American Institute of Certified Accountants (AICPA): *Statement on Auditing Standards (SAS) No. 70.* New York 2002
- Brühwiler, B.: *Risk Management als Führungsaufgabe.* Bern 2003
- Committee of Sponsoring Organizations of the Treadway Commission (COSO): *Enterprise Risk Management – Integrated Framework.* New York 2004
- Committee of Sponsoring Organizations of the Treadway Commission (COSO): *Internal Control – Integrated Framework.* New York 1992
- Financial Executives Research Foundation (FERF): *Financial Executive Compensation Survey.* Danvers 2012
- Gesetz zur Kontrolle und Transparenz im Unternehmensbereich (KonTraG), deutsches Bundesgesetz, 1998
- Information Technology Infrastructure Library (ITIL): *Foundation Handbook.* Version 3, 2009
- Institut für Interne Revision Österreich (IIA Austria): *Das Risikomanagement aus der Sicht der Internen Revision.* Wien 2013
- International Organization for Standardization (ISO): *ISO 9000:2005 Qualitätsmanagementsysteme – Grundlagen und Begriffe.* Genf 2005
- International Organization for Standardization (ISO): *ISO 9001:2008 Qualitätsmanagementsysteme – Anforderungen.* Genf 2008

- International Organization for Standardization (ISO): *ISO 31000:2009 Risikomanagement – Grundsätze und Richtlinien*. Genf 2009

- International Organization for Standardization (ISO): ISO/TS 16949:2009 *Qualitätsmanagementsysteme – Besondere Anforderungen bei Anwendung von ISO 9001 für die Serien- und Ersatzteil-Produktion in der Automobilindustrie*. Genf 2009

- IT Governance Institute (ITGI): *COBIT 4.0. Deutsche Ausgabe*. Rolling Meadows 2005

- Kaplan, R. S.; Norton, D. P.: *Alignment. Mit der Balanced Scorecard Synergien schaffen*. Stuttgart 2006

- Knuth, D. E.: *The Art of Computer Programming. Volume 3: Sorting and Searching. Second Edition*. Boston 1998

- Österreichisches Normungsinstitut (ON): *ONR 49000:2010 Risikomanagement für Organisationen und Systeme – Begriffe und Grundlagen*. Wien 2010

- Österreichisches Normungsinstitut (ON): *ONR 49002-1:2010 Risikomanagement für Organisationen und Systeme – Teil 1: Leitfaden für die Einbettung des Risikomanagements ins Managementsystem*. Wien 2010

- Österreichisches Normungsinstitut (ON): *ONR 49003:2010 Risikomanagement für Organisationen und Systeme – Anforderungen an die Qualifikation des Risikomanagers*. Wien 2010

- Reinartz, G.; Reinartz, S. J.: *BS OHSAS 18001:2007 – Arbeits- und Gesundheitsschutz-Managementsysteme – Anforderungen*. Köln 2007

- Unternehmensrechts-Änderungsgesetz (URÄG), österreichisches Bundesgesetz, BGBl. I Nr. 70/2008 vom 7. Mai 2008

5 Das tägliche Geschäft – der Risikomanagement- prozess

Die in Kapitel 4 beschriebene Vorgehensweise zum Aufbau eines IRMS soll nun Erweiterung dahin gehend finden, dass die Aktivitäten des Risikomanagements genauere Betrachtung erfahren. Wie können Planungs-, Steuerungs-, Kontroll-, Monitoring- und Berichtsmaßnahmen bestmöglich organisiert und zweckmäßig in Ihre Organisation eingebettet werden?

Zur nachhaltigen Verankerung des Modells in der Organisation werden Mitarbeiter benötigt, die das Thema Risikomanagement einerseits inhaltlich kennen und andererseits die Umsetzung laufend unterstützen und überprüfen. Dabei ist es wichtig, dass alle involvierten Personen den Sinn und Zweck des Risikomanagementsystems verstehen. Aus diesem Grund müssen die risikopolitischen Grundsätze entsprechend kommuniziert und vom Management vorgelebt werden.

■ 5.1 Organisationsstruktur im IRMS

Das Weisungs- und Aufbauprinzip folgt der grundlegenden Logik der Beauftragung zur Unternehmenszielerreichung durch den/die Eigentümer bzw. die Eigentümervertreter der Organisation, die ein unabhängiges Prüfungsorgan „entsenden", um die Qualität der Zielerreichung durch die Akteure in der Organisation zu prüfen (Bild 5.1). Dies folgt den Prinzipien der klassischen Qualitätsmanagementorganisation.

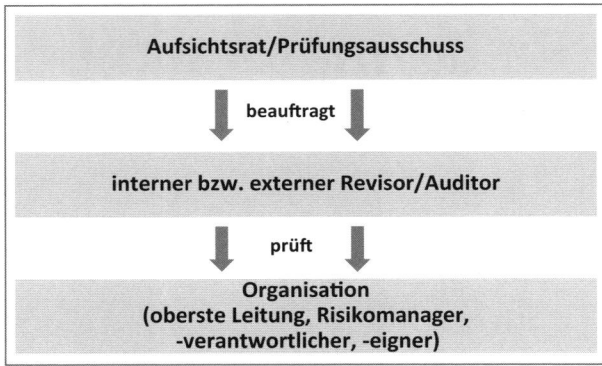

Bild 5.1 Weisungsprinzip im IRMS

Das Weisungsprinzip im IRMS besagt, dass der die Organisation prüfende interne bzw. externe Prüfer (Revisor oder Auditor) durch den Eigentümer bzw. dessen Vertreter (Aufsichtsrat oder – wenn vorhanden – Prüfungsausschuss) beauftragt wird. Der Prüfer ist dahin gehend als unabhängig von der eigentlichen Organisation zu sehen, dass er weder in die Planung und Durchführung der Risikosteuerung noch in die Kontrolle der risikobehafteten Aktivitäten involviert ist. Er prüft sich also nie selbst! Er erstattet dem Auftraggeber Bericht darüber, ob und in welcher Qualität die Zielerreichung erfolgt ist. Er prüft die Organisation, also die oberste Leitung. Diese delegiert die organisatorische Verantwortung weiter an den Risikomanager, -verantwortlichen und -eigner (Bild 5.2).

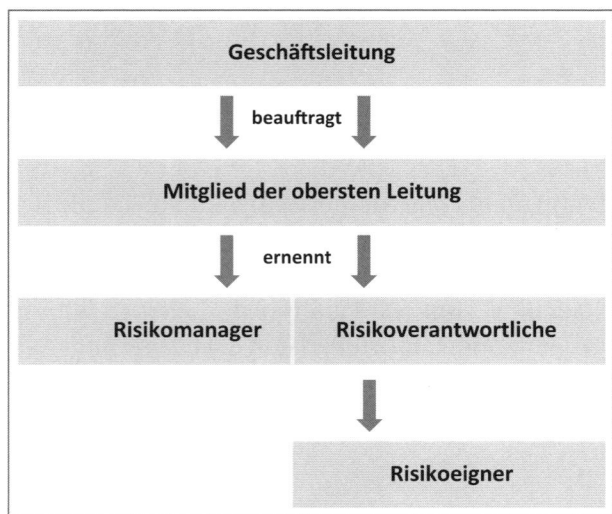

Bild 5.2 Aufbauorganisation im IRMS

■ 5.2 Rollen im Umfeld des Risikomanagements

5.2.1 Prüfungsausschuss

Für kapitalmarktorientierte Unternehmen und „sehr große" Kapitalgesellschaften (fünffache Größe einer „großen Kapitalgesellschaft") ist es
gesetzlich verpflichtend, einen Prüfungsausschuss einzusetzen. Dieses
Kontrollorgan setzt sich aus Mitgliedern des Aufsichtsrats zusammen
und wird durch diesen auch ernannt. Der Prüfungsausschuss muss mindestens zwei Personen umfassen, wobei zumindest ein Finanzexperte
als Kapitalvertreter nominiert sein muss. Ab einer Anzahl von zwei
Kapitalvertretern ist außerdem ein Arbeitnehmervertreter aus den Rei-
hen des Betriebsrats zu wählen und zu ernennen. Wird kein Prüfungsausschuss ernannt, bleiben die Aufgaben im Bereich des Risikomanagements im Verantwortungsbereich des Aufsichtsrats.

 TIPP: Eine Rolle kann nur erfolgreich ausgefüllt werden, wenn die
Aufgaben, Kompetenzen und Verantwortungen des Rollenträgers
klar definiert sind:

Aufgaben des Prüfungsausschusses
- Überwachung der Finanzberichterstattung
- Überwachung der Wirksamkeit des Risikomanagement- und Inter-
  nen Kontrollsystems
- Überwachung der Rechts- und Regelkonformität (Compliance)
- Auswahl des externen Prüfers
- Berichterstattung innerhalb des Aufsichtsrats

Kompetenzen des Prüfungsausschusses
Die Kompetenzen des Prüfungsausschusses leiten sich grundsätzlich von jenen des Aufsichtsrats ab. Die innere Ordnung des Aufsichtsrats ist in den jeweiligen staatlichen Gesetzen geregelt. Der
Prüfungsausschuss hat zumindest die folgenden Aufgaben wahr-
zunehmen:

- Einforderung von periodischen und Ad-hoc-Berichten
- Fragerecht zu allen Vorstandsberichten
- direkte Kommunikation mit Verantwortlichen der Organisation
  (z. B. Risikoverantwortlichen)

- Mitbestimmungsrecht bei speziellen Geschäften
- Beauftragung von externen Prüfern (auf Basis des Beschlusses der Eigentümerversammlung)

Verantwortung des Prüfungsausschusses
- Sicherstellung der Aufrechterhaltung und Zweckmäßigkeit des Risikomanagement- und Internen Kontrollsystems

Die Ausschlussregel besagt, dass Personen, die Vorsitzende oder Finanzexperten des Prüfungsausschusses sind, in den letzten drei Jahren vor ihrer Ernennung weder die Position eines Vorstandsmitglieds, leitenden Angestellten noch Abschlussprüfers eingenommen haben dürfen.

5.2.2 Revision

In vielen, vor allem größeren Organisationen, wird die systematische Überprüfung des Risikomanagement- und Internen Kontrollsystems durch die interne Revision wahrgenommen. Diese Organisationseinheit untersteht typischerweise, was die organisatorische Eingliederung ins Unternehmen betrifft, direkt der Geschäftsführung oder dem Vorstand und überprüft die Existenz und Qualität des IRMS und die Umsetzung von Kontrollen.

 HINWEIS: Bei der Weisungsunterstellung der internen Revision ist darauf zu achten, dass deren Unabhängigkeit in Prüfungsfragen gewährleistet ist. Naturgemäß prüft die interne Revision auch die Erfüllung der Aufgaben des Vorstands, dem sie eigentlich organisatorisch in den meisten Unternehmen unterstellt ist. Für interne Auditoren, wie sie die unterschiedlichen Normen verstehen, ist zumindest sicherzustellen, dass sie vom zu untersuchenden Bereich unabhängig sind.

Die Aufgabe der internen Revision bzw. der Auditoren ist es, den ordnungsgemäßen Prozessablauf und die Einhaltung von Gesetzen und anderen (auch internen) Regelungen zu verifizieren.

Managementsystemnormen (z. B. ISO 9001) sowie Regelungen des Handelsrechts (§ 268 Absatz 1 UGB für Österreich und § 267 Absatz 1 HGB für Deutschland) fordern zudem eine externe Prüfung für Unternehmen. Im Falle der handelsrechtlichen Normen gilt dies nicht für kleine Kapitalgesellschaften (mit begrenzter Haftung). Der Finanzbereich stellt in vielen Organisationen das wesentliche Betrachtungsfeld der externen Revision dar. Sie überprüft die Ordnungsmäßigkeit, Zweckmäßigkeit und Wirtschaftlichkeit im betrieblichen Leistungsvollzug.

Die Rollen des Auditors (nach Normgebungen) und die der Revision sind ähnlich dahin gehend, dass beide eine Überwachungs- und Überprüfungsfunktion wahrnehmen. Die Herangehensweise ist jedoch in der Praxis oft sehr unterschiedlich. Ein Auditor folgt im Zuge eines Audits einem vorgegebenen Schema, der sogenannten „Achterschleife", wobei in der ersten Schleife die formellen Grundlagen und die Vorgabedokumentation betrachtet werden und in der zweiten Schleife die Umsetzung in der Praxis sowie der Nachweis darüber (Bild 5.3).

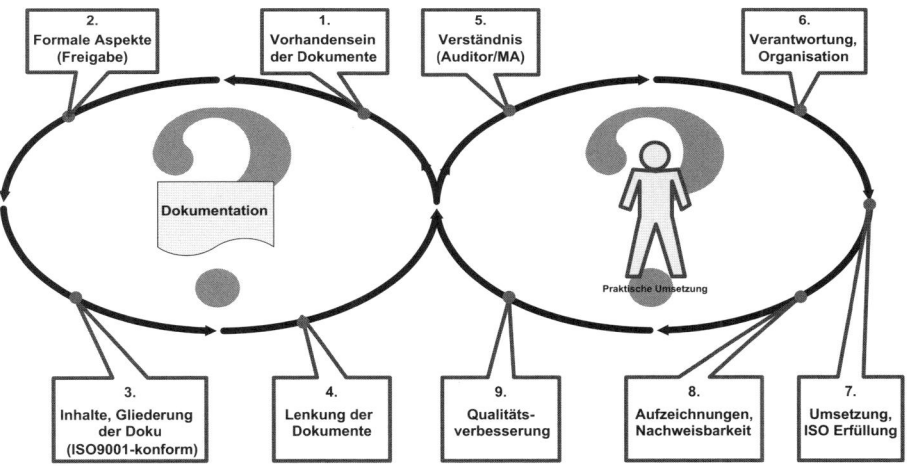

Bild 5.3 Die Achterschleife des Audits

Zielsetzung der internen Revision ist vorrangig, die festgelegten Kontrollen auf deren Wirksamkeit und Zweckmäßigkeit hin zu überprüfen. Es werden sogenannte Tests durchgeführt. Die Verifizierung erfolgt häufig anhand von Geschäftsfällen.

In beiden Fällen sind in den letzten Jahren deutliche Entwicklungen weg vom jeweiligen klassischen Rollenbild zu erkennen. So entwickelten sich die internen Audits aus dem Bereich der produktspezifischen Qualitätssicherung hin zum Optimieren von Prozessen und Revisionsprüfungen von der reinen Belegprüfung hin zu Prozesseffizienzprüfungen. Daran ist eine deutliche Annäherung dieser beiden Überwachungsfunktionen erkennbar.

HINWEIS: Interne Auditoren bzw. interne Revisoren sind Prüfer. Eine unabhängige Prüfung ist nur dann gewährleistet, wenn sie selbst als Implementierer des zu prüfenden Systems nicht tätig sind oder waren!

Aufgaben der Revision
- Erstellung eines Prüf- bzw. Auditplans und Ausführung folgender Prüfaktivitäten (laut Plan)
  - Prüfung der Kontrollausführungen zur Risikosteuerung
  - Prüfung der sinnhaften Ausgestaltung und Effizienz des Steuerungssystems
  - Prüfung der Normkonformität aller Handlungen im Unternehmen
- Erarbeiten von Empfehlungen
- Externe Revision/externes Audit: Erstellung eines Prüfungsberichts und Bestätigungsvermerk/Zertifizierung
- Interne Revision: möglichst realistische Berichterstattung über
  - die Qualität des Systems
  - die Qualität der Risikosteuerung

Kompetenzen der Revision
- Fragerecht und Einfordern von Information zur Beurteilung der Qualität des Risikomanagementsystems und der Risikosteuerung

Verantwortung der Revision
- Trägt die Verantwortung für die abgegebene Beurteilung bzw. den Bestätigungsvermerk oder die Zertifizierung

 SCHNITTSTELLENMANAGEMENT:
Interne Revision/interne Audits

Durch die beschriebenen ähnlichen Aufgabenstellungen der verschiedenen Überwachungsfunktionen entstehen Synergien. Diese Synergien können im Zuge der Planung der Überwachungsaufgaben genutzt werden, und es kann ein gemeinsames organisationsweites Revisions- und Auditprogramm erstellt werden.

5.2.3 Oberste Leitung

Um Risikomanagement dauerhaft und glaubwürdig in der Organisation zu implementieren, ist es notwendig, dass sich Führungsmitglieder der obersten Leitung in positiver Form verpflichtend zu den beschlossenen Vorgaben bekennen. Laut ISO 9000:2005 ist unter oberster Leitung eine „Person oder Personengruppe, die eine Organisation auf der obersten Ebene leitet und lenkt", zu verstehen (ISO 9000:2005, Seite 21). Die Erfüllung der Richtlinien soll vorgelebt werden. Die Mitglieder der obersten Leitung sind außerdem dazu angehalten, dafür Sorge zu tragen, dass die notwendigen Mittel zur Verfügung stehen, um die Einhaltung risikopolitischer Grundsätze durch alle Mitarbeiter gewährleisten zu können.

 HINWEIS:

Aufgaben der obersten Leitung
- Kommunikation der Anforderungen des IRMS zur Förderung des Risikobewusstseins in der Organisation
- Sicherstellung der Durchsetzung der Vorgaben des IRMS (über Delegation an den Risikomanager)
- Veranlassung der entsprechenden Weiterentwicklung des Systems an sich (systemischer Aufbau passend zum Unternehmen):
  - Anpassungen der Abläufe
  - Anpassungen der Rollen
  - Anpassungen der Vorgaben
- Bereitstellung der erforderlichen Ressourcen
- Abstimmung innerhalb des Gremiums der obersten Leitung
- Zusammenarbeit mit den externen und internen Prüfern

Kompetenzen der obersten Leitung
- Inhaltliche Weisungsbefugnis gegenüber den risikosteuernden Elementen im Unternehmen (Risikomanager, -verantwortliche, -eigner), jedoch nicht gegenüber dem Prüfer/Auditor!
- Ressourcenbereitstellung für die IRMS-Organisation
- Festlegung der Risikopolitik
- Definition von Risikotoleranzgrenzen und -bereiche

Verantwortung der obersten Leitung
- Aktualität der Risikopolitik
- Erreichung der festgelegten Ziele des IRMS
- Umsetzung des IRMS

TIPP: Es empfiehlt sich, aus der obersten Leitung einen Ansprechpartner für den Bereich Risikomanagement zu definieren. Der Rollenträger ist in weiterer Folge als direkte Schnittstelle zwischen Prüfer, Eigentümer(vertreter) und Risikomanager zu sehen. Nicht selten nehmen Vertreter der obersten Leitung die Rolle des Risikomanagers direkt ein. Die Gesamt(ausführungs)verantwortung für das Thema Risikomanagement liegt in diesem Fall im Vorstand oder bei der Geschäftsführung.

5.2.4 Risikomanager

Der Risikomanager einer Organisation ist der Dreh- und Angelpunkt des Risikomanagements. Er ist verantwortlich für die Durchführung des Aufbaus und die Weiterentwicklung des Risikomanagementsystems. Ziel ist es, dass das Risikomanagementsystem des Unternehmens die Vorgaben der Geschäftsführung laut Planung erfüllt. Die Risikoverantwortlichen unterstützen durch die zur Verfügung gestellten und geschulten Methoden und Werkzeuge die Erfüllung der Anforderungen des Risikomanagements. Zudem soll das Risikomanagement integrierter Teil des gesamten Managementsystems sein. Aus diesem Grund ist es von Bedeutung, dass der Risikomanager die Organisation und die damit verbundenen Abläufe und Leitungen kennt bzw. sie für ihn transparent sind.

 HINWEIS:

Aufgaben des Risikomanagers

- Aufbau eines Risikomanagementsystems im gesamten Unternehmen anhand der durch die Geschäftsführung vorgegeben risikopolitischen Grundsätze
- Entwicklung und adäquate Implementierung des Risikomanagementprozesses
- Unterstützung bei der Identifikation von Risiken
- Erstellen einer geeigneten Risikoliste, in der alle Risiken analysiert werden
- Unterstützung der Risikoverantwortlichen und -eigner bei der Risikobewertung

- Herstellung einer Korrelation zwischen unterschiedlichen Risiken und Ermittlung einer möglichen Gesamtrisikoposition für das Unternehmen
- Laufende Soll-Ist-Abgleiche bezogen auf die Wirtschaftlichkeit der von den Risikoverantwortlichen durchgeführten Maßnahmen
- Erstellung der notwendigen Berichte zur Darstellung der Risiken auf Unternehmensebene
- Erarbeiten von Methoden zur Risikoidentifikation und Risikobewertung
- Freigabe von Vorlagen, Formularen und Berichtsformaten zur geeigneten Darstellung der Risiken

Kompetenz des Risikomanagers
- Einfordern von Berichten und „Status" von den Risikoverantwortlichen
- Delegation der Risikoverantwortung an die designierten Risikoverantwortlichen

Verantwortung des Risikomanagers
- Pflege und Weiterentwicklung des Risikomanagementsystems
- Sicherstellung der Sinnhaftigkeit der Risikosteuerungsmaßnahmen bzw. kontinuierliche Verbesserung derselben
- Sicherstellung der Durchführung der Risikosteuerungsmaßnahmen
- Sicherstellung der Einhaltung der Agenden des Risikomanagementprozesses

 TIPP: Der Risikomanager sollte bereits im Einführungsprojekt mitwirken und idealerweise die Funktion des Projektleiters wahrnehmen.

5.2.5 Risiko- bzw. Kontrollverantwortlicher

Der Risikoverantwortliche ist meist eine Führungskraft in der Organisation, die für die Steuerung unterschiedlicher Gefahren im festgelegten Bereich (Abteilung, Projekt, Team, Prozess) zuständig ist. Im Fokus steht dabei, bei der Einführung der Risikoorganisation in der Organisationseinheit mitzuwirken und die sinngemäße Umsetzung der Aktivitäten sicherzustellen. Damit ist er organisatorisch gesehen auch Kontrollverantwortlicher – also verantwortlich für die Ausführung der Kontrollen als Risikosteuerungsinstrumente nach der Auffassung des COSO-Rahmenwerks.

Als disziplinärer Leiter der Organisationseinheit trägt der Inhaber dieser Rolle zur Steigerung des Risikobewusstseins innerhalb seines Verantwortungsbereichs bei.

 HINWEIS:

Aufgaben des Risikoverantwortlichen

- Identifizieren von Gefahren in der Organisationseinheit in Zusammenarbeit mit dem Risikoeigner
- Möglichst vollständiges und einheitliches Darstellen der Chancen und Gefahren mithilfe von einheitlichen Vorlagen bzw. Formularen
- Detaillierte Analyse und Risikobewertung laut Bewertungskriterien
- Führen der Risikoliste
- Kostenplanung und -kontrolle der abgeleiteten Maßnahmen
- Nachverfolgung der abgeleiteten Maßnahmen (Ausführungskontrolle)
- Erstellung der definierten Berichte über Unternehmens- und Bereichsrisiken

Kompetenzen des Risikoverantwortlichen

- Bewertung der Risiken im eigenen Verantwortungsbereich
- Steuerung der abgeleiteten Maßnahmen
- Budgetierung, um die abgeleiteten Maßnahmen ausreichend mit Ressourcen zu versorgen
- Weisungsbefugnis innerhalb des risikopolitischen Verantwortungsbereichs

Verantwortung des Risikoverantwortlichen

- Ausführungs- und Kostenverantwortung für die möglichen Risiken und abgeleiteten Maßnahmen
- Sicherstellung der Kontrollausführung

SCHNITTSTELLENMANAGEMENT: Risikoverantwortliche/ Linien- bzw. Prozessverantwortliche

Zur Vermeidung von Führungskonflikten ist es ratsam, als Risikoverantwortlichen eine Person mit Linienverantwortung einzusetzen. Diese unterstützt die Überprüfung und Sicherstellung der Umsetzung von Kontrollen. Darüber hinaus werden die Risiken nicht als gesondertes Thema wahrgenommen, sondern als Bestandteil der Führungsaufgabe innerhalb des Verantwortungsbereichs gesehen.

5.2.6 Risiko-/Kontrolleigner

Der tatsächlich in seiner täglichen Arbeit mit dem Risiko konfrontierte Mitarbeiter ist der Risikoeigner. Er kann, sofern er darüber hinaus für die risikosteuernde Maßnahme im Sinne des Internen Kontrollsystems verantwortlich ist, auch Kontrolleigner sein.

Risiko- und Kontrolleigner sind also Ausführende (Durchführende) von Aktivitäten, die risikobehaftet sind, und/oder Aktivitäten, die zur Steuerung von Risiken dienen. Im Idealfall – und aus Sicht eines integrativen Managementansatzes – arbeitet der Risiko-/Kontrolleigner als Spezialist für die Risikosituation bei der Identifizierung, der Analyse und Bewertung sowie der Planung der Steuerungsmaßnahmen mit.

 HINWEIS:

Aufgaben des Risiko-/Kontrolleigners
- Mitarbeit bei der Identifikation, Bewertung und Analyse von Risiken
- Ausführung der risikobehafteten Aktivitäten
- Ausführung der Risikosteuerungsmaßnahmen

Kompetenzen des Risiko-/Kontrolleigners
- Fähigkeiten, die zur Durchführung der Aktivitäten laut Vorgaben notwendig sind

Verantwortung des Risiko-/Kontrolleigners
- Ausführung der risikobehafteten und Kontrollaktivitäten laut Vorgabe

HINWEIS: Am Ausbildungsmarkt werden verschiedene Trainings und Ausbildungen zum Thema Risikomanagement angeboten. Intensive Trainings dauern in der Regel zwischen drei und neun Tagen. Zahlreiche Privatuniversitäten und Fachhochschulen bieten zudem ganze Studiengänge zum Thema an.

5.2.7 Möglichkeiten der organisatorischen Zuordnung der Rollen im IRMS

In jeder Organisation gibt es eine Vielzahl von Verantwortlichkeiten, die durch Rollenträger übernommen werden müssen. Bestmöglich ist dies definitiv, transparent und eindeutig dokumentiert. Im Sinne eines integrierten Ansatzes soll das bestehende System erweitert und sollen die notwendigen Tätigkeiten in die vorhandenen Strukturen eingegliedert werden. Das bedeutet, dass in vielen Fällen bestehende Rollen um Aktivitäten und Pflichten erweitert werden, die für die Umsetzung der Risikosteuerung notwendig sind.

Es gibt verschiedene Möglichkeiten, Risikomanagement in einer Organisation zuzuordnen (Risikomanagementorganisation). Risikomanagement kann im Vorstand oder in der Geschäftsführung angesiedelt sein, eine eigene Stabsstelle sein, direkt in die Linie eingegliedert sein oder auch ein Geschäftsfeld in der Linie haben.

Werden die Aufgaben des Risikomanagers von einem Organ der Geschäftsleitung übernommen, so spricht man von einer Personalunion (vgl. Bild 5.4).

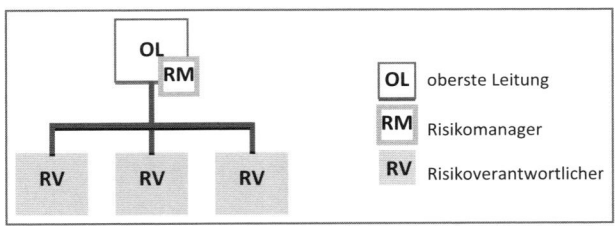

Bild 5.4 Risikomanagement als Teil der Geschäftsleitung

HINWEIS:

Vorteile

- Die oberste Leitung kann Vorbildfunktion übernehmen und das IRMS entsprechend den eigenen Vorgaben repräsentieren.
- Die stärkste Entscheidungs- und Verantwortungskompetenz findet sich in der Unternehmensorganisation direkt in der obersten Leitung.

Nachteile

- Die operativen Aufgaben des IRMS werden weiterdelegiert. Dies kann zu einer Art „Abgehobenheit" des Systems führen.
- Die eindeutige Sicherstellung, dass ausreichend Ressourcen zur Umsetzung der Risikomanagementagenden vorhanden sind, ist oft nicht möglich.

Um die Vorteile der Nähe zur Geschäftsführung zu nutzen und gleichzeitig eine „quasi" eigenständige Rolle des Risikomanagers zu schaffen, werden in der Regel Stabsstellen etabliert bzw. Stabsstellen, die schon mit organisationsentwicklungsspezifischen Aufgaben besetzt sind, erweitert, z. B. Qualitätsmanagement (Bild 5.5).

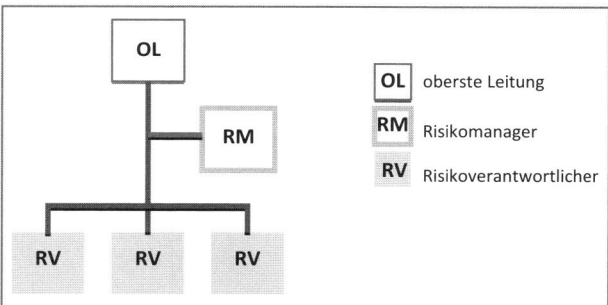

Bild 5.5 Risikomanagement als Stabsstelle

 HINWEIS:

Vorteile

- Spezialisierung und umfassende Bearbeitung des IRMS
- Bündelung von verschiedenen Aufgaben in einer Funktion
- Näheverhältnis zur stärksten Entscheidungs- und Verantwortungskompetenz

Nachteile

- Hohe Anforderung – sowohl fachlich als auch strukturell – an die Notwendigkeit der interdisziplinären Führung

- Fehlende Entscheidungsgewalt als Problem jeder Stabsstelle

Mit der Unternehmensgröße steigt tendenziell die Wahrscheinlichkeit, dass eine eigene Unternehmenseinheit Risikomanagement etabliert wird, die die unterschiedlichen Aktivitätsgruppen (z. B. Geschäftsfelder) im Risikomanagement als Spezialistengruppe (organisatorisch gleichgestellt) unterstützt (vgl. Bild 5.6).

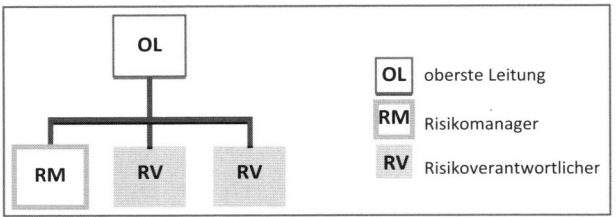

Bild 5.6 Risikomanagement als Linienfunktion

 HINWEIS:

Vorteile

- Wahrnehmung als eigene Spezialabteilung im Unternehmen, die sich auf einen „anerkannten" und als „gleichberechtigt" wahrgenommenen Teilbereich im Unternehmen spezialisiert

Nachteile

- „Silodenken" zwischen den Abteilungen wird gefördert

- Fehlende Entscheidungsgewalt durch „strukturelle" Gleichstellung mit den Risikoverantwortlichen

Abschließend sei noch die Form des abteilungsspezifischen Risikomanagements erwähnt (Bild 5.7). Je spezieller bzw. unterschiedlicher die einzelnen Unternehmensbereiche sind (z. B. stark branchenübergreifende Dienstleistungen), desto eher werden die Risikomanagementagenden in den einzelnen Abteilungen positioniert sein.

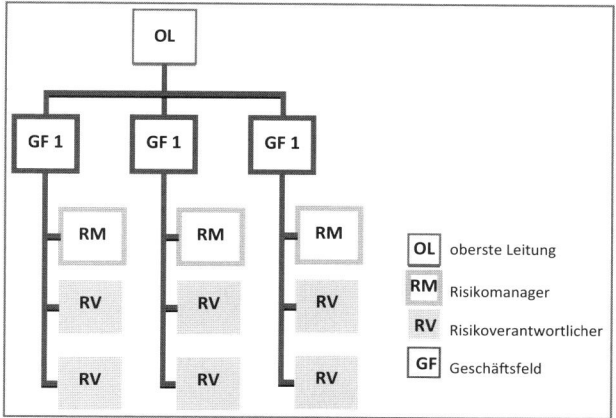

Bild 5.7 Risikomanagement innerhalb unterschiedlicher Geschäftsfelder

 HINWEIS:

Vorteile

- Spezielle Kenntnisse der Risikolandschaft in einem Geschäftsfeld sind gebündelt
- Einbindung und Gleichstellung des Risikomanagers in und mit den Risikoverantwortlichen bzw. -eignern

Nachteile

- Gesamtüberblick fehlt, wenn es nicht eine übergeordnete strukturelle „Zusammenführungsinstanz" gibt
- Unterschiedliche Entwicklungen des IRMS in den Geschäftsfeldern

 TIPP: Als Beispiel sei der Leiter Beschaffung genannt, der auch prozessverantwortlich für den Prozess „Beschaffung durchführen" ist und zusätzlich zum Risikoverantwortlichen ernannt wurde. Aus Sicht der Linienverantwortung sind Budgetziele zu erreichen und Mitarbeiter im Einkauf zu führen. Aus Sicht der Prozessverantwortung ist sicherzustellen, dass die Bedarfsträger in vereinbarter Zeit die benötigten Güter und Dienstleistungen erhalten. Aus Sicht des Risikomanagements stehen jene risikobehafteten Tätigkeiten im Fokus, die mit dem Einkauf und in weiterer Folge dem korrekt durchführbaren Kreditorenmanagement in Verbindung stehen (z. B. Wareneingangsbelege, Rechnungsfreigabe, Skontoregelungen, neutrale Lieferantenauswahl etc.).

Welche Art der Integration der Rolle des Risikomanagers in der Praxis gewählt wird, ist abhängig von unzähligen Einflussfaktoren. Größe und Komplexität des Unternehmens, Grad der Dezentralisierung bzw. Zentralisierung, vorhandene und benötigte Skills im Bereich Risikomanagement in Abhängigkeit von der Komplexität der Leistung, budgetäre Möglichkeiten bezüglich der Tiefe der Ausgestaltung des Systems oder rechtliche Anforderungen an aktives Risikomanagement sind – um nur einige zu nennen – entscheidend für die Positionierung der Rolle.

■ 5.3 Regelmäßige Aktivitäten der Risikosteuerung

Einer der wesentlichsten Punkte bei der Einführung und Aufrechterhaltung eines IRMS ist es, dass die Implementierung in die tägliche Arbeit erfolgt. Dies stellt für viele Unternehmen den schwierigsten Schritt dar, da im Zuge der Implementierung die Strukturen hierfür geschaffen werden müssen bzw. in bestehende Abläufe und Strukturen eingegriffen wird. Doch das System „steht und fällt" mit der Umsetzung in der Praxis. Daher ist es wichtig, in der Organisation einen Leitfaden zu gestalten, der die Tätigkeiten und Verantwortlichkeiten transparent darstellt. Dies wird – vor allem in prozessorientierten Unternehmen – mittels einer Prozessbeschreibung umgesetzt. Auf Basis der Modellgrundlagen und aufgrund von Erfahrungen aus der Praxis wurde der nachstehende generische Prozess als Arbeitsunterlage entwickelt.

5.3.1 Prozess „Risiken steuern"

Der in Bild 5.8 dargestellte Prozessablauf zeigt den Prozess „Risiken steuern". Der Prozess ist als Flussdiagramm visualisiert: Nacheinander werden Aktivitätengruppen bzw. Entscheidungen dargestellt, die immer wieder im Risikomanagement ausgeführt werden. Die Aktivitätengruppen beinhalten die einzelnen Tätigkeiten, wie sie in den unterschiedlichen Schritten des IRMS-Modells zu finden sind. Da Gruppen von Tätigkeiten durchgeführt werden, die hinsichtlich der Verantwortlichkeit der einzelnen Aktivitäten in der Praxis von unterschiedlichen Rollenträgern wahrgenommen werden können, erfolgt keine Zuordnung zu Durchführungs- und Entscheidungsverantwortungen. Die Zuteilung der Verantwortung kann entsprechend den definierten Rollen durchgeführt werden. Dies wird in der Praxis von vielen Faktoren abhängen. Darunter fällt vor allem die Art, wie das Unternehmen organisatorisch aufgebaut ist und welche Verantwortungen im Bereich der anderen im Unternehmen bestehenden Steuerungssysteme wie wahrgenommen werden. Links werden Inputs dargestellt, Informationen, Systeme/Applikationen, Dokumente und Aufzeichnungen, die in den Prozessschritt einfließen, in der Spalte rechts Outputs, die den Prozess verlassen.

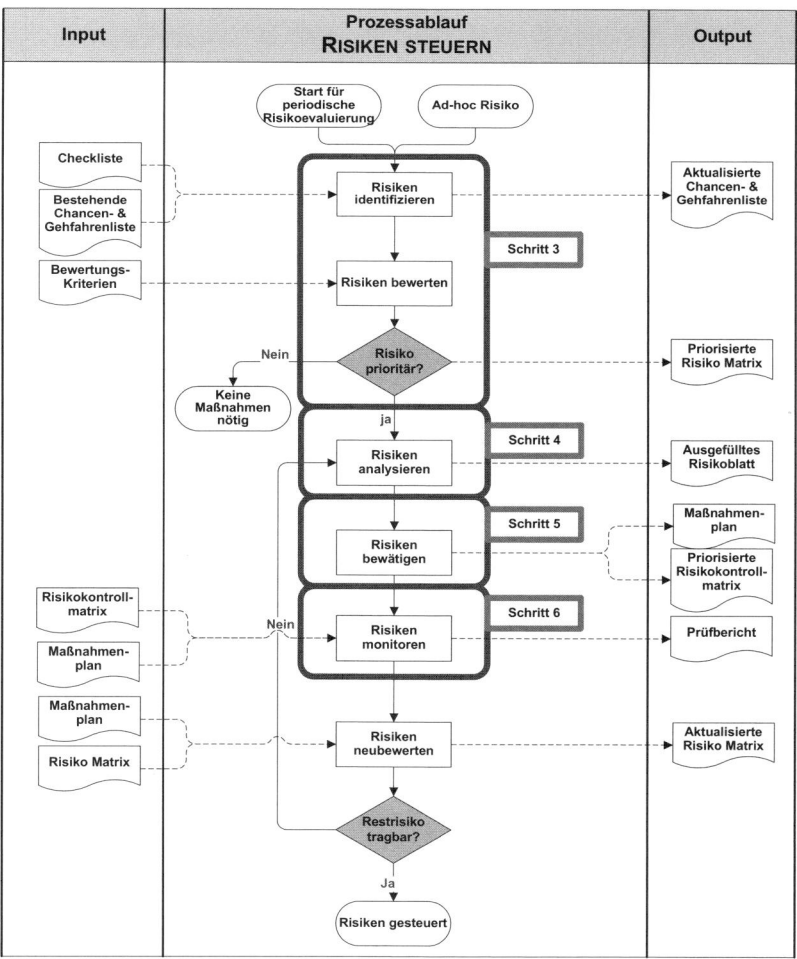

Bild 5.8 Praxisbeispiel Prozess „Risiken steuern"

TIPP: Folgende Voraussetzungen sind für die Implementierung eines Prozesses wie „Risiken steuern" notwendig:

- Verbindliche und kommunizierte Zusage der obersten Leitung bzw. Geschäftsführung zum Risikomanagement („Commitment")
- „Walk the talk"– tatsächliche Umsetzung des Zugesagten durch die oberste Leitung bzw. Geschäftsführung, Vorleben der risikopolitischen Grundsätze durch die Führungskräfte der Organisation
- Aufbau des (neuen bzw. erweiterten) Managementregelkreises auf bestehende Elemente, bestmögliche Nutzung der bestehenden Strukturen

Diesen Prozess durchlaufen alle Risikoverantwortlichen in der Organisation. Aufgrund der Erfahrungen aus der Praxis fokussiert der dargestellte Prozess nur auf die risikosteuernden Aktivitäten und spart das Umfeld und die risikopolitischen Grundsätze aus. In vielen Organisationen wird versucht, diesen Prozess um Systemkomponenten wie Definition der risikopolitischen Grundsätze, Kommunikation der Risikopolitik, Auswahl und Zuordnung der Rollen sowie Systemintegration zu erweitern. Dies ist deshalb nicht zu empfehlen, da sonst sogenannte Endlosprojekte entstehen. Ergeben sich aus der Implementierung von neuen Systemen Änderungsanforderungen an die bestehenden, so ist immer die Abwicklung in einem eigenen Projektziel mit entsprechendem Zeitrahmen, Ziel und Verantwortlichen anzuraten. Diese Aktivitäten sind Rahmenbedingungen, die ebenfalls einer regelmäßigen Evaluierung zu unterziehen sind.

 TIPP: In der Praxis bewährt sich hier, die Systemprüfung (risikopolitische Grundsätze, Systemaufbau etc.) als Teil des Prüfungs-/Auditplans festzulegen und über die Evaluierung etwaige Anpassungen anzustoßen. Durch diesen Vorgang wird das Management veranlasst, aktiv zu werden.

Der betrachtete Prozess ist als Schnittstelle zum übergeordneten Regelkreis des IRMS zu sehen, für dessen Umsetzung der Risikomanager verantwortlich ist. Dieses Modell richtet sich darüber hinaus an das Systemmodell der ISO 31000.

5.3.2 IRMS-Zyklus

Die unterschiedlichen Tätigkeiten in Anlehnung an das IRMS-Modell sind nicht nur einmalig – bei Implementierung –, sondern immer wieder durchzuführen. Die Risikobewältigung umfasst neben der Definition der Steuerungsmaßnahmen auch die Überwachung der Umsetzung. Die angegebenen Werte, Zeitpunkte bzw. Zeitspannen sind vor allem an die Gegebenheiten des Unternehmens anzupassen. Größe, rechtliche Anforderungen an die Prüfung, gesetzliche Berichtsanforderungen sowie Art und Ausgestaltung der Risikokultur sind maßgeblich für die Frequenz der einzeln durchzuführenden Aktivitäten im Prozess. Für ein mittelständisches Unternehmen mit Produkten, die keinen besonderen Sicherheitsanforderungen unterliegen (z. B. Maschinenbau, Handel), kann der in Tabelle 5.1 dargestellte Zyklus empfohlen werden.

Tabelle 5.1 IRMS-Zyklus

Zuordnung	Bezeichnung	Frequenz
Schritt 1	Durchführung einer Systemumfeldanalyse (z. B. im Zuge der Strategieplanung, Anlassgebung durch Prüfplan)	einmal jährlich
Schritt 2	Definition der risikopolitischen Grundsätze (z. B. im Zuge der Strategieplanung, Anlassgebung durch Prüfplan)	einmal jährlich
Schritt 3	Risikoidentifikation und -bewertung	entsprechend den Reporting-Zyklen
Schritt 4	Risikoanalyse	entsprechend den Reporting-Zyklen
Schritt 5	Steuerungsmaßnahmen definieren	entsprechend den Reporting-Zyklen
	Steuerungsmaßnahmen umsetzen	laut Planung
Schritt 6	Entwicklung der Risiken beobachten	laufend

Über definierte Zyklen des Prozesses hinaus sind die Umsetzung von Maßnahmen und die Durchführung von Kontrolltätigkeiten im Sinne der Risikosteuerung gemäß den individuell geplanten Terminen bzw. den Prozessanforderungen auszuführen.

5.3.3 Umsetzung des Rahmens des IRMS

Neben dem Prozess zur Steuerung von Risiken sollte das System in Anlehnung an die Norm ISO 31000, die dem PDCA-Kreislauf folgt, weiterentwickelt und angepasst werden. In diesem Regelkreis werden Themen auf Managementsystemebene zusammengefasst und gesteuert (Bild 5.9). Diese Aufgaben werden durch den Risikomanager wahrgenommen.

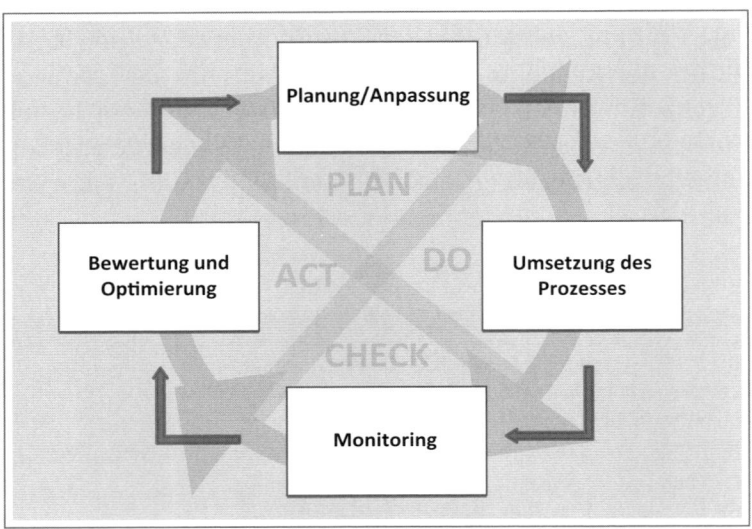

Bild 5.9 Systemregelkreis im IRMS

Planung/Anpassung

Grundsätzlich unterscheidet sich diese Phase beim ersten Durchlauf von den folgenden Durchläufen dahin gehend, dass zu Beginn der Schwerpunkt auf der Schaffung der Systemgrundlagen liegt. Hierbei ist eine ausführliche Analyse des Systemumfelds durchzuführen, um die Systemgrenzen festzulegen. Bei den Folgedurchläufen dieser Phase wird das definierte Systemumfeld auf dessen Angemessenheit hin überprüft. Durch Änderungen der strategischen Ausrichtung oder durch Umstrukturierung interner Abläufe kann es notwendig sein, die Systemgrenzen zu hinterfragen und gegebenenfalls anzupassen. Zudem erfolgt in dieser Phase die Festlegung bzw. Neubewertung der risikopolitischen Grundsätze. Hierbei kann bei den Folgedurchläufen auf Ergebnisse von Mitarbeiterbefragungen oder anderen Inputs zur Wahrnehmung der risikopolitischen Grundsätze zurückgegriffen werden. Risikopolitische Grundsätze, die in der Organisation nicht kommuniziert oder in der bestehenden Form für die Mitarbeiter nicht verständlich sind, stellen keinerlei Mehrwert dar.

 SCHNITTSTELLENMANAGEMENT Bestehende Regelkreise nutzen

Beim Aufbau des IRMS-Regelkreises ist es ratsam, die bestehenden Regelkreise im Unternehmen zu analysieren und diesen entsprechend die Organisation des Teilsystems anzupassen. In den meisten Organisationen orientiert sich der bestehende Regelkreis am Finanzkalender (z. B. Budgetplanung und Jahresabschluss).

Umsetzung des Prozesses

Der Risikomanager legt den grundlegenden Prozessablauf zur Steuerung von Risiken fest. Darin enthalten sind alle notwendigen Informationen und Methoden sowie notwendige Dokumente (Formulare, Berichte, IT-Systeme). Die einzelnen Risikoverantwortlichen führen in weiterer Folge den Ablauf zur Steuerung von Risiken in den jeweiligen Verantwortungsbereichen aus. Die Informationen daraus werden dem Risikomanager bereitgestellt, um die Informationen über die Risikoposition der einzelnen Bereiche zusammenzuführen.

Monitoring

Im Sinne des Risiko-Monitorings, also der Beobachtung der Entwicklung von Risiken und der Bewertung der Steuerungsqualität, werden grundsätzlich zwei Arten des Monitorings unterschieden – Risikoüberwachung und Risikokontrolle.

Bei der Risikoüberwachung steht die Sicherstellung der Aktualität der Risikolage der Organisation im Vordergrund. Die gesamthafte Betrachtung aller Steuerungsmaßnahmen und deren Ausführung wird hierbei analysiert. Ziel ist es, zu prüfen und in Folge zu gewährleisten, dass die Steuerung der Risiken organisationsweit gemäß den Vorgaben durchgeführt wird.

Im Zuge der Risikokontrolle hingegen werden die Ausführungen der definierten Kontrollen als Steuerungsinstrumente im Sinne des Internen Kontrollsystems geprüft. Dies führt die Revision bzw. der Auditor durch.

Die übergeordnete Zielsetzung des Monitorings ist es, die Wirksamkeit des IRMS und der abgeleiteten Maßnahmen und Kontrollen zu erheben.

SCHNITTSTELLENMANAGEMENT: Jedes Teilsystem der Unternehmenssteuerung bedarf früher oder später einer Evaluierung. Die Revision und/oder der Auditor sind dafür zuständig. Audit- bzw. Revisionspläne sind bestmöglich so konzipiert, dass die optimalen Synergien bei der Prüfung der unterschiedlichen Systemkomponenten genutzt werden können.

Bewertung und Optimierung

Nach der Aufbereitung der Ergebnisse des Monitorings für die oberste Leitung und die Eigentümer(vertreter) kann zusammenfassend die Qualität der Zielerreichung beurteilt werden. In den meisten Unternehmen erfolgt diese Bewertung im Zuge eines Managementreviews. Dabei präsentiert der Risikomanager die Ergebnisse und etwaigen Verbesserungspunkte. Auf Basis dessen soll die Wirksamkeit des IRMS auf Organisationsebene dargestellt und ein eventueller Änderungsbedarf ermittelt werden. Zielsetzung des Managementreviews ist es, die laufende Weiterentwicklung des IRMS sicherzustellen.

 CHECKLISTE: Mindestinhalte eines Managementreviews hinsichtlich IRMS

- Beurteilung der Aktualität der risikopolitischen Grundsätze und des Verständnisses derselben innerhalb der Organisation
- Bewertung etwaiger Veränderungen des Systemumfelds und Vorschläge für Adaptionsnotwendigkeiten
- Überblick zur aktuellen Risikolage der Organisation
- Bewertung des Umsetzungsgrades und der Umsetzungsqualität der Steuerungsmaßnahmen
- Beurteilung der Compliance
- Einschätzung der Wahrnehmung der Rollen im IRMS
- Ergebnisse aus Audit-/Revisionsberichten

Sonstige Notwendige Inhalte sind je nach Bedarf anzupassen. Als Vorlagen dazu dienen die unterschiedlichen Normen und Rahmenwerke. Die Ergebnisse stellen in weiterer Folge die Grundlage für den nächsten Planungs-/Anpassungsschritt, wie in Bild 5.9 dargestellt. Dies ist die Voraussetzung dafür, das IRMS kontinuierlich zu verbessern.

■ 5.4 Literatur

- Committee of Sponsoring Organizations of the Treadway Commission (COSO): *Internal Control – Integrated Framework.* New York 1992
- Handelsgesetzbuch (HGB), deutsches Bundesgesetz, letzte Änderung vom 4. Juli 2013
- International Organization for Standardization (ISO): *ISO 9000:2005 Qualitätsmanagementsysteme – Grundlagen und Begriffe.* Genf 2005
- International Organization for Standardization (ISO): *ISO 9001:2008 Qualitätsmanagementsysteme – Anforderungen.* Genf 2008
- International Organization for Standardization (ISO): *ISO 31000:2009 Risikomanagement – Grundsätze und Richtlinien.* Genf 2009
- Unternehmensgesetzbuch (UGB), österreichisches Bundesgesetz, zuletzt geändert durch BGBl. I Nr. 50/2013

6 Systemintegration in der Praxis – Empfehlungen

Den kritischen Erfolgsfaktor bei der Implementierung jedes Managementsystems stellt die Integration in bestehende Strukturen, Abläufe und Regelkreise des Unternehmens dar. In den letzten Jahren wurde in dem Zusammenhang der Begriff des „Integrierten Managementsystems" (IMS) geprägt.

HINWEIS: „Integratives" Steuerungssystem

Der *Duden* definiert den Begriff „integrativ" als „eine Integration herbeiführend", „auf Ausgleich bedacht" und vor allem „nicht radikal". Die Auswahl des Begriffes „integrativ" statt „integriert" soll hervorheben, dass auf keinen Fall ein starres, für sich alleine stehendes System neben anderen Teilsystemen im Unternehmen entstehen soll. Mitarbeiter, die von Änderungen betroffen sind, sollen darüber hinaus so weit wie möglich in die Kreation des Systems involviert sein, um größtmögliche Akzeptanz und somit Nutzen herbeizuführen!

Dieser Argumentation folgend wurde „integrativ" in die Bezeichnung IRMS aufgenommen. Zur erfolgreichen Umsetzung des Schritt-für-Schritt-Vorgehens zum IRMS-Aufbau werden nachfolgende Empfehlungen gegeben.

■ 6.1 Projektmanagement als Basis

Bei der Einführung jedes Steuerungssystems, das unterschiedliche Akteure aus unterschiedlichen Bereichen des Unternehmens einschließt und in Folge betrifft, empfiehlt es sich, auf bewährte Methoden des Projektmanagements zurückzugreifen. Klare Zieldefinition (Verschriftlichung, Aktionsorientierung, realistische Definition und Terminierung), die Schaffung eines verantwortlichen Teams und die Sicherstellung der Planung und Nachvollziehbarkeit des Projekts sind Parameter, die das klassische Projektmanagement auszeichnen und für jedes Implementierungsprojekt gelten sollten. Zur Strukturgebung und besseren Planbarkeit haben sich folgende vier Phasen der Projekteinteilung durchgesetzt:

- Projektinitialisierung,
- Projektplanung,
- Projektsteuerung,
- Projektabschluss.

Im Folgenden sollen die bereits beschriebenen Elemente und Schritte im IRMS den klassischen Projektphasen zugeordnet (Bild 6.1) sowie Empfehlungen für die Umsetzung erläutert werden. Im Besonderen soll auf die Schnittstellenthematik eingegangen werden.

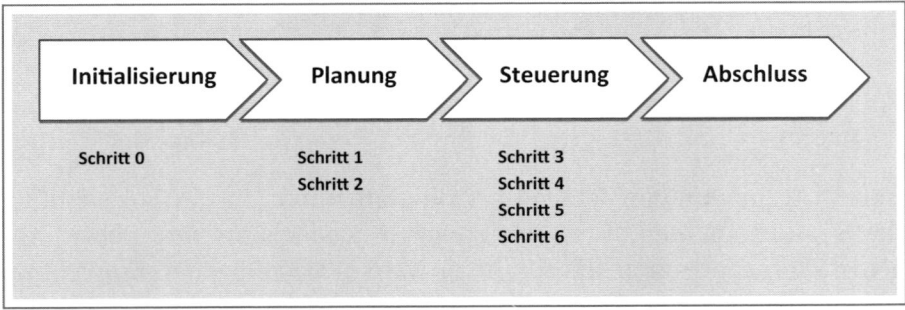

Bild 6.1 Zusammenhang der vier Projektphasen mit den sieben Schritten zum IRMS

6.1.1 Projektinitialisierung

Typische Anstöße, ein Projekt zum Aufbau eines Risikomanagementsystems zu starten, sind:

- Notwendigkeit der Einhaltung gesetzlicher Vorgaben (Anstoß durch Gesetzesänderungen),
- Anforderungen und Wünsche der Eigentümer zur Regeleinhaltung bzw. besseren Absicherung (Einschätzung der wirtschaftlichen Situation, Marktsituation etc.),
- Anforderung der Geschäftsführung (z.B. Schaffung eines transparenten Systems zur Absicherung der Zielerreichung bottom-up),
- erhöhte Transparenzanforderungen durch die Branche,
- Wunsch des Kunden (z.B. im Zusammenhang mit der Absicherung von Zulieferungen),
- Wunsch nach Sicherstellung von Transparenz und aktiver Steuerbarkeit von Haftungsthematiken,
- Initiierung durch die Steuerungssystemverantwortlichen (QM, UM etc.) zur Weiterentwicklung des Managementsystems.

Aus den unterschiedlichen Ansätzen können im ersten Schritt Erwartungen an das Projekt formuliert werden, die in Folge als Basis für die Projektzieldefinition dienen sollen.

Besteht kein äußerer Zwang (wie z.B. gesetzliche Anforderungen), ist es wichtig, mit dem potenziellen Projektauftraggeber (z.B. der Geschäftsführung, den Eigentümern) den Mehrwert eines Steuerungssystems abzustimmen und Kosten und Nutzen der Implementierung und der täglichen Umsetzung gegebenenfalls gegeneinander abzuwägen.

6.1.2 Projektplanung

Im Zuge der Planung werden die Inputs aus der Projektinitialisierung (geklärte Idee/Anstoß zum Projekt) verdichtet und wird die Vorgehensweise für die Implementierung festgelegt. Der Schritt 1 „Durchführung einer Systemumfeldanalyse" ist hier umzusetzen, um das Projekt planen zu können. Je nachdem, wie weit die nachfolgenden Aspekte bereits erfüllt werden, muss mehr oder weniger Zeit im Projekt hierfür eingeplant werden.

CHECKLISTE: Mögliche Fragen im Zuge der Umfeldanalyse:

- Inwieweit sind die Abläufe beschrieben und damit transparent nachvollziehbar?
- Sind Ziele und Zielwerte formuliert, kommuniziert und verständlich?
- Entsprechen die definierten Vorgaben im Unternehmen den Beschlüssen der Unternehmensleitung (konsistente Top-down-Planung)?
- Werden Mitarbeiter entsprechend der Zielerreichung beurteilt?
- Sind etwaige Ablaufbeschreibungen, Arbeitsanweisungen, Rollendefinitionen, Leitfäden und ähnliche Vorgaben den Mitarbeitern zugänglich und einsehbar?
- Wie aktuell sind diese Vorgaben und wie weit entspricht die gelebte Praxis den dort geregelten Vorgaben (Qualität)?
- Ist der Umfang und Verbleib von Nachweisen (z. B. Belegen) geregelt?
- Wird die Effizienz und Effektivität von unterschiedlichen Systemelementen (Teilsystemen, z. B. Qualitäts-, Prozess-, Umweltmanagement etc.) periodisch auf Wirksamkeit bewertet und kontinuierlich verbessert?

Besitzt das Unternehmen bereits ein funktionierendes Managementsystem, das für die Implementierung und Integration eines Risikomanagementsystems genutzt werden kann, sollten viele der genannten Punkte bereits erfüllt sein.

Eine ausgeprägte Systemkultur im Unternehmen ist überdies hilfreich, um neue Teilsysteme zu integrieren.

 CHECKLISTE: Mögliche Fragen zur Erfassung der systemischen Kultur im Zuge der Umfeldanalyse im Unternehmen:

- Wie genau wird im Unternehmen gearbeitet?
- Wie wird die Genauigkeit bei der Erfüllung von Anforderungen (gesetzlicher, kundenseitiger etc.) erreicht?
- Wie sieht es mit der Termintreue aus?
- Wie stringent ist das Meeting-Verhalten (Besprechungstermineinhaltung, Vorbereitungsarbeiten auf das Meeting wie Agenda erstellen und vorab versenden, Meeting-Zeiteinhaltung, Protokollierung, Verfolgung von vereinbarten Maßnahmen etc.)?

Für die Planungsphase ist aus den genannten Analysen des bestehenden organisatorischen sowie kulturellen Umfelds zu entnehmen, wie „weit" der Weg des Unternehmens zum Risikomanagementsystem tatsächlich ist, ob Grundlagen genutzt werden können oder erst erarbeitet werden müssen und so die Projektlaufzeit verlängern.

 HINWEIS: Achten Sie schon zu Beginn des Projekts im Zuge der Projektkommunikation darauf, Risikomanagement nicht nur als Erfüllung einer externen Vorgabe zu transportieren. Dies sollte auch in weiterer Folge in den risikopolitischen Grundsätzen erkenntlich sein. Die Gefahr ist aufgrund der derzeit noch sehr „schwammigen" rechtlichen Rahmenbedingungen und der deshalb fehlenden gesetzlichen Konsequenzen groß, dass das Projekt minimalistisch behandelt wird und in einer „Handbuchlösung" endet. In der Praxis werden derzeit noch immer gerne Handbücher erstellt, die keinerlei Mehrwert für die tägliche Arbeit im Umgang mit Risiken haben. Versuchen Sie, die Mitwirkenden und Betroffenen schon in der Planungsphase davon zu überzeugen, dass es Vorteile für alle Mitwirkenden hat, Risiken transparent zu machen und Verantwortungen explizit zuzuordnen.

Anbei einige konkrete Vorteile für die unterschiedlichen Stakeholder:

Vorteile für die Eigentümer und Eigentümervertreter (gegebenenfalls Aufsichtsrat und Prüfungsausschuss)

▪ Gesetzeskonformität im Sinne der „gerichtsfesten" Organisation,

▪ Klarheit der eigenen persönlichen Haftungssituation,

▪ Analyseauswertung, wo die risikorelevanten Bereiche/Themen in der Organisation angesiedelt sind,

▪ klare Kommunikationsgrundlagen zwischen Eigentümern und Organisation,

▪ Kostenersparnis bei der etwaigen nächsten externen Prüfung durch existente Transparenz in den zu prüfenden Bereichen,

▪ Sicherstellung von etwaigen Zertifizierungsvoraussetzungen durch geschaffene Transparenz.

Vorteile für die Geschäftsführung

▪ Alle beim „Eigentümer" genannten Vorteile, darüber hinaus

▪ Steuerungsinstrument der Führungskräfte,

- Möglichkeit, Risikoverantwortliche zu ernennen und damit klare Personenverantwortung herzustellen,
- Transparenz der umgesetzten risikoreduzierenden Maßnahmen inklusive deren Wirksamkeit für alle Interessierten (sofern Informationen zugänglich sind) und Involvierten,
- Förderung des Vertrauens des Eigentümers in die Führung der Geschäfte.

Vorteile für die involvierten und betroffenen Mitarbeiter

- Klarheit der eigenen Verantwortungssituation, insbesondere bei den Risikoverantwortlichen,
- Möglichkeit, strukturiert Handlungsbedarf aufzuzeigen und Freigaben für vorgeschlagene Maßnahmen zu erwirken,
- Unterstützung beim Finden der im eigenen Verantwortungsbereich situierten Risiken durch den Risikomanager,
- Argumentation für Sinnhaftigkeit und Bedeutung der eigenen Prozessdokumentation,
- Kommunikations- und Führungswerkzeug für zu delegierende Mitarbeiter.

Die „Definition der risikopolitischen Grundsätze", wie sie im Schritt 2 des IRMS-Modells beschrieben sind, bildet die Basis der Projektzieldefinition, geht also der tatsächlichen Implementierung voraus.

Besitzt das Unternehmen bereits eine Unternehmenspolitik, eine Vision, Mission, strategische Ziele, dann soll die Risikopolitik daran Anlehnung finden, und die risikopolitischen Aspekte können integriert werden.

 CHECKLISTE: Auszug einer Unternehmenspolitik eines Organisationsconsultingunternehmens mit markierten Ergänzungen aus Sicht des Risikomanagements gegliedert nach den fünf interessierten Parteien:

Kunde
- Wir erfüllen die Erwartungen unserer Kunden professionell und bewirken nachhaltig positive Veränderungen und Nutzen bei unseren Kunden.
- Wir orientieren unser Leistungsangebot am Anspruch unserer Kunden und gehen dabei Wege, die zu maßgeschneiderten Lösungen führen.

- Wir erweitern unser Wissen und unsere Produkt-/Leistungs-palette ständig und berücksichtigen Innovationen und neue Techniken bei der Entwicklung unserer Dienstleistungen.

Mitarbeiter und Mitarbeiterinnen
- Wir fördern die Entwicklung unserer Mitarbeiter und Mitarbeiterinnen, um ihnen eine optimale Basis sowie das Wissen für ihre Aufgabenerfüllung zu ermöglichen.
- Wir sorgen für klare Verantwortungen und Zuständigkeiten und sind bestrebt, die Mitarbeiterzufriedenheit zu fördern.
- Wir schaffen eine Arbeitsumgebung, in der kreatives Denken und partnerschaftliche Zusammenarbeit unabhängig vom Geschlecht gefördert werden.

Kooperationspartner, Partner und Lieferanten
- Wir bieten unseren Geschäftspartnern langfristige und nachhaltige Kooperationspartnerschaften.

Gesellschaft
- Wir engagieren uns in Interessenvertretungen und Vereinen, um unser Wissen zu teilen.
- Wir nehmen keine Aufträge an, die gegen gesetzliche Vorschriften sowie gegen ethische und moralische Grundsätze verstoßen.

Eigentümer
- Wir sind ein wirtschaftlich gesundes Unternehmen mit organischem Wachstum.
- Wir sind uns durch gelebtes Risikomanagement unserer Chancen und Gefahren bewusst und steuern diese aktiv.

Das zentrale Dokument in der Projektplanungsphase ist der Projektauftrag. Dieser fasst alle wesentlichen Anforderungen an das Projekt zusammen.

 HINWEIS: Projektauftrag

Verzichten Sie als Projektleiter nicht auf dieses Dokument! Es sollte vom Projektauftraggeber geprüft und freigegeben werden. Achten Sie genau auf die Abgrenzung des Projekts. Der Projektleiter wird spätestens am Ende des Projekts – bei seiner Entlastung – ander Erreichung der im Auftrag definierten Projektziele gemessen. Unterscheiden Sie hierbei unbedingt zwischen den Zielen Ihres

Implementierungsprojekts und den Zielen des IRMS. In der Praxis wird das Aufbauprojekt oft mit dem „ersten Steuerungslauf" vermischt. Nach Implementierungsprojektende kann erst mit der Steuerung begonnen werden. Wird ein Pilotprojekt (Ausführung des Prozesses „Risiken steuern", z. B. für einen Teilbereich des Unternehmens) als Teilprojekt der gesamten Implementierung gesehen, ist dies entsprechend abzugrenzen.

Tabelle 6.1 zeigt ein Beispiel eines Projektauftrags zum Aufbau eines IRMS.

Tabelle 6.1 Beispiel eines Projektauftrages zum Aufbau eines Risikomanagementsystems

Projektauftrag			
Beauftragung für Projekt: Einführung Risikomanagement			
Projektstart:	01.02. lfd. J.	Startereignis:	Kick-off-Meeting
Projektendtermin:	01.09. F. j.	Endereignis:	Social Event
Projektendtermin (intern)	09.09. F. j.	Endereignis: (intern)	Entlastung des Projektleiters
Projektziele (Messwert)		**Projektnichtziele**	
Implementierung eines wirksamen Risikomanagementsystems (Basis für kontinuierliche Bewertung und Verbesserung geschaffen)		Kontinuierliche Bewertung und Verbesserung von Risiken	
		Trennung zu anderen Managementsystemansätzen im Unternehmen	
Schaffen einer Risiko- und Verbesserungspolitik		100 %-Abdeckung aller Risiken	
Erstellung eines Risikohandbuchs (schlank!, Endversion zugänglich und kommuniziert)		Abbildung des Risikomanagements in einem EDV-System	
Bestimmung der Gesamtrisikoposition des Unternehmens (Präsentation vor Aufsichtsrat)			
Pilotdurchlauf des Prozesses „Risiken steuern" im Bereich Produktion			
Projektphasen		**Hauptaufgaben**	
1. Projektmanagement		Projekt planen, steuern und abschließen	
2. Rahmen und Strategie schaffen		Definition der Rahmenbedingungen	
		Aufbau der Risikopolitik, Strategie und Risikoidentifizierung	
		Mitarbeitersensibilisierung	

Projektauftrag	
Beauftragung für Projekt: Einführung Risikomanagement	
3. Vorgehensweise und Prozess im Risikomanagement definieren	Erstellung eines individuellen Vorgehensmodells
	Festlegung der Methoden zur Risikobewertung und -aggregierung
	Erstellung notwendiger Dokumente
4. IRMS realisieren	Pilotdurchlauf des Prozesses „Risiken steuern"
	Aufbau der Verantwortung von Risikomanager und Risikoeignern
5. IRMS an Risikomanager übergeben	Offizielle Integration in das Managementsystem
	Übergabe des Risikoinventars in die Linie
	Schulung und Übergabe der unterschiedlichen Rollen

Meilensteine Zwischenergebnisse		**Projektorganisation**	
M1: Kick-off hat stattgefunden	01.02. lfd. J.	Projektpate	Mitglied Prüfungsausschuss
M2: Risikopolitische Grundsätze sind formuliert	15.03. lfd. J.	Steuerausschuss	Geschäftsleitung
M3: Prozess „Risiken managen" ist erstellt	15.06. lfd. J.	Projektauftraggeber	CFO/Beauftragte der obersten Führung
M4: Risiken sind identifiziert und bewertet	01.04. F. j.	Projektleiter	Risikomanager
M5: Integration des Risikomanagementsystems im Managementsystem ist erfolgt	01.08. F. j.	Projektteam	Risikoverantwortlicher A
			Risikoverantwortlicher B
			...
			Risikoverantwortlicher X
M6: Social Event mit Präsentation des Systems ist durchgeführt	01.09. F. j.		
M7: Projektleiter ist entlastet	09.09. F. j.		

6.1.3 Projektsteuerung

In dieser Phase der Abwicklung des Projekts werden anhand der festgelegten Rahmenbedingungen aus der Planungsphase die Arbeitspakete abgearbeitet. Im Zuge der Projektabwicklung werden diese in die „technische" und die „soziale" Projektabwicklung unterteilt.

Der **technische Part der Projektabwicklung** umfasst den Kreislauf der Risikosteuerung, der ein erstes Mal durchlaufen wird. Dies entspricht den Schritten 3 bis 6 des IRMS. Ist die Umsetzung der Steuerungsmaßnahmen, z. B. als Pilotprojekt, Teil des Implementierungsprojekts, so kann der gesamte Prozess „Risiken steuern" einmal durchlaufen werden.

Welche Steuerungsmaßnahmen tatsächlich im Unternehmen umgesetzt werden, ist von vielen Faktoren abhängig. Darunter fällt z. B. die Notwendigkeit des ausschließlichen Einsatzes von risikovermeidenden Maßnahmen bei der Realisierung des Internen Kontrollsystems. Eine Kontrolle kann nur der Risikovermeidung dienen. Ein Einsatz als risikominimierendes Steuerungselement entspricht nicht den Anforderungen eines IKS. Die Möglichkeit des Einsatzes von Steuerungsmaßnahmen ist beschränkt hinsichtlich der verfügbaren Ressourcen (ausreichend qualifizierte Mitarbeiter, Budgetrestriktionen) oder ursächlich beschränkt (z. B. Anzahl des Sicherheitspersonals im Verhältnis zur Anzahl der Teilnehmer).

Je nachdem, ob reaktives oder proaktives Risikomanagement vereinbart ist, werden entsprechende Maßnahmen definiert. Die Freigabe zur Umsetzung der Maßnahmen erfolgt durch die Unternehmensleitung bzw. den jeweiligen Vorgesetzten, da hierzu oft finanzielle Mittel oder personelle Ressourcen erforderlich sind, die die normale Linienfreigabe übersteigen. Gerade prozessorientierten Organisationen kommt zugute, dass viele Maßnahmen (auch im Sinne eines IKS) in Form von Kontrollen Prozessen zugeordnet werden. Dies erfordert erneut die enge Abstimmung zwischen Prozessverantwortlichem und Risikomanager und unterstreicht den integrativen Charakter – und somit die weitläufige Nutzbarkeit – der unterschiedlichen Systeme.

 HINWEIS: Bei der Definition der Steuerungsmaßnahmen – also auch der in den Prozess integrierten Kontrollen für das IKS – muss der Risikomanager darauf achten, dass nicht „über das Ziel hinaus geschossen" wird. Eine Überfrachtung der Organisation mit Steuerungsmaßnahmen jeglicher Art kann stark kontraproduktiv sein.

Der dem Schritt 6 Risiko-Monitoring im IRMS-Modell entsprechende Schritt in der Projektumsetzung hat im Sinne des Schnittstellenmanagements bzw. der Integration besondere Beachtung verdient. Externe Partner müssen ausgewählt, interne Stellen – deren Unabhängigkeit sichergestellt sein muss – geschaffen und Revisions- sowie Auditpläne erstellt werden.

Abstimmungsanforderungen sind in Richtung Monitoring zu allen anderen Systemkomponenten zu erfüllen. Der Sinn des integrativen Systems ist vor allem im Bereich des Monitorings evident, da viele Agenden der Prüfung schon für andere Teilsysteme, sofern existent und genutzt, erledigt werden. Zum Beispiel können Reviews über Prozessqualität, Belegflussprüfung für interne Audits, Soll-Ist-Vergleiche zur Zielabweichung und viele andere bestehende Dokumente für die Anforderungserfüllung der Prüfungskriterien des IRMS genutzt werden.

HINWEIS: Auswahl der externen Prüfung, Aufbau des internen Audits (zum Thema Risikomanagement und Internes Kontrollsystem) und Erstellung der Anforderungen und Vorlagen für Managementreviews müssen unbedingt Teil des Projekts sein! Um die Aufnahme des Risikomanagement-Systemkreislaufs nach Abschluss des Projekts sicherstellen zu können, muss auch das Thema Monitoring vollständig vorbereitet sein.

Der **soziale Part der Projektabwicklung** fokussiert auf die durch die Implementierung des Risikomanagementsystems hervorgerufene Veränderung der Organisation. Darunter sind Umstände zu verstehen, die mit der Qualität der Risikokultur zu tun haben, mit Akzeptanz bzw. Ablehnung neuer Rollen oder deren subjektiver Wahrnehmung.

HINWEIS: Das Thema Change-Management ist eine Profession für sich. Seriös auf das Thema einzugehen, würde den Rahmen dieses Werks sprengen. Es wird jedoch explizit empfohlen, für Implementierungsprojekte, die die kulturellen und sozialen Aspekte der Unternehmensführung stark betreffen, ein begleitendes Change-Projekt umzusetzen. Im Sinne der weltweit anerkannten Projektmanagementphilosophie ist der Projekterfolg als Projektoutput mal Akzeptanz zu werten. Ist die Akzeptanz des Projekts nicht gegeben, ist der Projekterfolg demnach null! Erst wenn die Unternehmenskultur das Thema Risiko zulässt, wird ein nachhaltiger Nutzen der risikoreduzierenden Maßnahmen erfolgen.

Was die Rollen bzw. die Rollenträger im Risikomanagement betrifft, ist darauf zu achten, dass der Wissensstand zum Thema Risikomanagement im Unternehmen ausreichend vorhanden ist. Jeder Mitarbeiter sollte verstehen, wozu dieses System benötigt wird. Die betroffenen Rollen wie Risikomanager, -verantwortlicher, -eigner, Rollen der anderen Teilsysteme (wie z. B. Prozessverantwortlicher), interner Auditor, die Geschäftsführung und die Linienverantwortlichen benötigen ein höheres Maß an Systemwissen.

Innerhalb der periodischen Projektstatus-Meetings werden erforderliche Richtungsentscheidungen zur Projektzielerreichung getroffen und wird über den Ressourcenverbrauch und die Ergebnisqualität berichtet.

6.1.4 Projektabschluss

Der Projektabschluss dient als formeller Schlusspunkt am Ende des Projekts. Die festgelegten Projektziele werden auf deren Umsetzung überprüft. Die Ergebnisse werden dem Projektauftraggeber präsentiert. In weiterer Folge wird der Projektleiter entlastet, wenn alle Projektziele erreicht wurden.

 TIPP: Dem Projektziel „Implementierung eines wirksamen Risikomanagementsystems" folgend werden die Ergebnisse des Risiko-Monitorings von besonderer Bedeutung sein. Darüber hinaus kann die Einhaltung der Regelungen, die festlegen, wie das System zukünftig betrieben werden soll, um die vier IRMS-Ziele weiter zu erfüllen, ein guter Messpunkt sein.

In dieser Phase des Projekts sollte auch festgelegt werden, in welcher Form der Übergang zur „täglichen Arbeit" im Risikomanagement stattfindet. Der zukünftige Risikomanager sollte jedenfalls im Projekt mitgewirkt haben, um den Wissenstransfer zu gewährleisten. Auch der Frage des Nutzens und sich ergebenden Mehrwerts durch das Risikomanagementsystem sollte an dieser Stelle Raum gegeben werden. *CFOworld* zitiert eine Studie der Financial Executives Research Foundation, in der der Aufwand und die Kosten für die Wirtschaftsprüfung erhoben wurden. Neben immensen Mehraufwänden in den letzten Jahren nach den großen Bilanzfälschungs- und Intransparenzskandalen wird auch auf die Notwendigkeit der transparenten Ausgestaltung der organisatorischen Struktur (Prozesse, dokumentiertes IKS etc.) eingegangen: „Die größten Unterschiede zwischen den Audit-Kosten der einzelnen Unternehmen ergaben sich durch den internen Aufwand während der Prüfungen und Restrukturierungen der Organisation" (Alexander 2011).

Im Sinne des Projektmanagements ist es zweckmäßig, die gesammelten Erfahrungen aus dem Projekt auf Verbesserungspotenzial hin zu analysieren, um einerseits das Projektmanagement weiterzuentwickeln und andererseits Optimierungsmöglichkeiten für das Risikomanagementsystem zu dokumentieren. Diese Verbesserungspotenziale können in Folge nach und nach eingepflegt werden.

■ 6.2 Integration als Schlüssel

Dieser Abschnitt beschäftigt sich mit der zu Beginn dieses Kapitels gestellten Frage, wie man bestehende Managementsysteme nutzen kann. Welche Art von Managementsystem in der Organisation besteht, ist hierbei sekundär (Umwelt, Arbeitssicherheit und Gesundheitsschutz, Qualität etc.). Bild 6.2 zeigt, welche Komponenten eines bereits etablierten Steuerungssystems bei der Implementierung eines Risikomanagementsystems schon beim Schritt 0 der Umsetzung genützt werden können. Vor allem bei der Kommunikation des Bedarfs sowie bei der Vorstellung der Betroffenen, wie ein IRMS aussehen soll, sind bestehende Umfeldkomponenten in der Praxis oft sehr hilfreich.

In der Planungsphase werden die bestehende Unternehmenspolitik und -ziele um die Risikoaspekte erweitert. Die bestehenden Kommunikationskanäle wie Intranet oder Aushänge werden genutzt, nichts Neues soll erfunden werden, sofern die Qualität der bestehenden Elemente ausreicht, um die IRMS-Ziele erreichen zu können. Die neu dazukommenden Rollen des Risikomanagers sowie der Risikoeigner fügen sich in die Systematik der Rollenbeschreibungen (so vorhanden) im Unternehmen ein. Je nach Unternehmensgröße kann bei kleinen Unternehmen der bestehende Managementsystemverantwortliche die Rolle des Risikomanagers mit übernehmen oder kann bei größeren Unternehmen eine neue Position definiert werden.

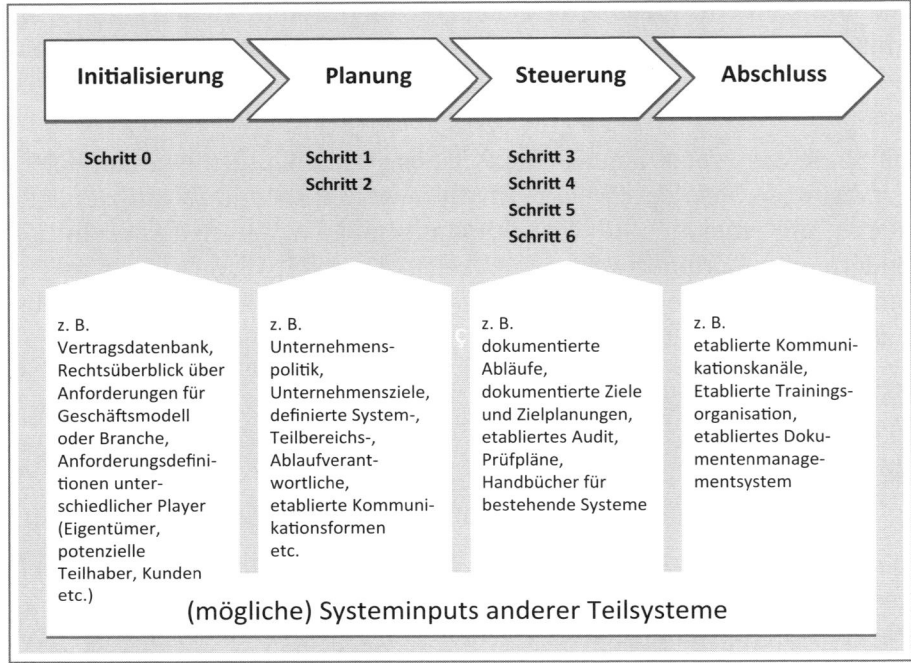

Bild 6.2 Nutzung von Managementsystemkomponenten

 TIPP: In der Praxis findet sich vor allem bei größeren Unternehmen eine bestehende Prozesslandkarte. Diese kann als Ausgangspunkt der Risikoidentifikation genommen werden. Die Prozessverantwortlichen sind dabei die Ansprechpartner des Risikomanagers und füllen zukünftig auch die Rolle des Risikoeigners aus.

In der Phase der Projektsteuerung sind bestehende dokumentierte Prozesse hilfreich, da diese für ein Internes Kontrollsystem essenziell sind. Hier ergeben sich wahrscheinlich die größten Kosten- und Zeitsparpotenziale. Sind die in den Prozessen tätigen Mitarbeiter bereits an Kontrollen, die Dokumentation dieser sowie an den Umgang mit Prozesszielen gewöhnt, sind kulturelle Barrieren in der Regel unwahrscheinlicher.

Auch die Neuetablierung des PDCA-Kreislaufes fällt weg, wenn im Unternehmen bereits eine wie auch immer gestaltete Verbesserungskultur herrscht. Damit besteht eine Routine, wie eine Maßnahme erfasst, deren Abarbeitung verfolgt und die Wirksamkeit überprüft werden kann.

Auf die Bedeutung von externen Prüfungen, internen Audits und des Managementreviews wurde in Abschnitt 6.1 bereits Bezug genommen. Das Thema Risikomanagementhandbuch vereinfacht sich, so es bereits ein Managementhandbuch im Unternehmen gibt, das ergänzt werden kann. Hierin sind die wichtigsten Regelungen des Risikomanagements wie spezifische neue Rollen, neue Anforderungen an bestehende Rollen, der Prozess „Risiken steuern", die gewünschten Minimalanforderungen an den Umgang mit Risiken (Unternehmens- und Risikopolitik) und viele andere aufzunehmen (vgl. dazu die unterschiedlichen Dokumentationsanforderungen im IRMS-Modell).

Zusammenfassung

Letztendlich zählt nur eines: Gelingt es der Organisation, den Anstoß eines nachhaltigen Prozesses zur Etablierung eines Risikobewusstseins zu etablieren oder nicht? Die hierzu erforderliche Entwicklung der Risikokultur stellt die eigentliche Herausforderung dar. Egal, ob der Geschäftsführer vor dem Treffen einer strategischen Richtungsentscheidung inhärente Risiken mithilfe definierter Methoden bestimmt oder der Einkäufer eine Bestellung auslöst, nachdem er das Lieferantenrisiko beurteilt hat – es ist letztendlich eine Frage der Risikokultur, ob auf die im Risikomanagementsystem etablierten Standards zurückgegriffen wird oder nicht.

Nur wenn es in der Organisation gelingt, gewisse Regeln zu etablieren, und die Mitarbeiter dazu bereit sind, sich an diese Spielregeln zu halten, kann Risikomanagement greifen. Unzählige Beispiele aus der Unternehmenspraxis haben bewiesen, dass das Verhalten und Handeln Einzelner entscheidend ist.

Die definierten risikopolitischen Grundsätze und das Commitment der Unternehmensleitung dazu sowie das Vorleben der Einhaltung dieser definierten Politik sind ein erster Schritt zum „gelebten" Risikomanagementsystem. Akzeptanz kann ausschließlich durch entsprechend praktiziertes Führungsverhalten und Einfordern der Einhaltung der Vorgaben sichergestellt werden.

TIPP: Wenn „Integration als Schlüssel" für den Erfolg eines Systems gesehen wird, sollten folgende Aspekte beim Aufbau integrierter Systeme Berücksichtigung finden:

- Starten Sie den Aufbau eines Integrierten Managementsystems (oder besser) integrativen Steuerungssystems immer top-down! Klären Sie zuerst die Anforderung des Managements an den neuen Aspekt im I(R)MS (z. B. Risiko) und formulieren Sie Ziele dazu, um später deren Erreichung beurteilen zu können.

- Nutzen Sie eine Korrelationsmatrix, um die zusätzlichen Anforderungen an das Managementsystem den entsprechenden Prozessen zuordnen zu können.

- Kommunizieren Sie ausreichend Sinn und Zweck des neu ergänzten Themas im Steuerungssystem. Das neue Thema wird nicht alle Mitarbeiter in gleicher Art und Weise betreffen.

Auch wenn viele Risikomanagementsysteme den Anschein haben, ausschließlich aus Compliance-Gründen betrieben zu werden und die betroffenen Mitarbeiter dementsprechend motiviert sind, sollte immer klar sein: Gelingt es, durch den Fokus auf das Thema auch nur eine existenzbedrohende Gefahr für das Unternehmen im Vorfeld zu erkennen und durch geeignete Maßnahmen zu steuern, hat sich die Investition in das System sehr schnell gerechnet. Aktuelle Schlagzeilen berichten von katastrophalen und schlagend gewordenen Gefahren. Dies betrifft die unterschiedlichsten und nahezu alle möglichen Risikogruppen. Wird diese Betrachtungsweise zur Triebfeder des Risikomanagements, ist für das Unternehmen ein wichtiger Baustein einer erfolgreichen Zukunft gelegt.

■ 6.3 Literatur

- Alexander, Sascha: „Das kosten Wirtschaftsprüfer". In: *CFOworld* vom 16. Juni 2011, www.cfoworld.de, eingesehen am 3. April 2013

Abkürzungen

ABGB	Allgemeines Bürgerliches Gesetzbuch
AICPA	American Institute of Certified Public Accountants
AktG	Aktiengesetz
AKV	Aufgaben, Kompetenzen und Verantwortungen
AS/NZS	Australien Standard/New Zealand Standard
BARefG	Berufsaufsichtsreformgesetz
BilMoG	Bilanzrechtsmodernisierungsgesetz
BörseG	Börsegesetz
BSC	Balanced Scorecard
bzw.	beziehungsweise
CEO	Chief Executive Officer
CFO	Chief Financial Officer
CG-Kodex	Corporate Governance Kodex
CIO	Chief Information Officer
COBIT	Control Objectives for Information and Related Technology
COO	Chief Operating Officer
COSO	Committee of Sponsoring Organizations of the Treadway Commission; 1995 in den USA gegründete freiwillige privatwirtschaftliche Organisation mit dem Ziel, Finanzberichterstattungen durch ethisches Handeln, wirksame interne Kontrollen und gute Unternehmensführung qualitativ zu verbessern.
d. h.	das heißt
EBIT	Earnings Before Interest and Taxes
ERM	Enterprise Risk Management
ERP	Enterprise Resource Planning
etc.	et cetera
FIBU	Finanzbuchhaltung
F. j.	Folgejahr
FMEA	Fehlermöglichkeits- und -einflussanalyse/Failure Mode and Effects Analysis

GenG	Genossenschaftsgesetz
GmbH	Gesellschaft mit beschränkter Haftung
GmbHG	GmbH-Gesetz
GuV	Gewinn-und-Verlust-Rechnung
HGB	Handelsgesetzbuch
IKS	Internes Kontrollsystem
IMS	Integriertes Managementsystem
IPMA	International Project Management Association
IRMS	Integratives Risikomanagementsystem
ISO	International Organization for Standardization
IT	Informationstechnologie
ITIL	Information Technology Infrastructure Library
J.	Jahr
KJ	Kalenderjahr
KonTraG	Gesetz zur Kontrolle und Transparenz im Unternehmensbereich
KuVs	Kommunikation und Verteilte Systeme
KVP	Kontinuierlicher Verbesserungsprozess
lfd.	laufend
LGDL	Logistikdienstleister
MA	Mitarbeiter
MS	Microsoft
OHSAS	Occupational Health and Safety Assessment Series
OL	oberste Leitung
ONR	Österreichische Normregel
PDCA	Plan, Do, Check, Act
PzV	Prozessverantwortlicher
QM	Qualitätsmanagement
RE	Risikoeigner
Ref.	Referenzierung
RkM	Risikomanagement
RkMS	Risikomanagementsystem
RM	Risikomanager
RNr.	Risiko Nummer
RV	Risikoverantwortliche
SAS 70	Statement on Auditing Standards No. 70
SEC	Securities and Exchange Commission
SV	Sozialversicherung
TS	Technical Specification

UGB	Unternehmensgesetzbuch
UM	Umweltmanagement
URÄG	Unternehmensrechtsänderungsgesetz
USt.	Umsatzsteuer
VDA	Verband der Automobilindustrie
vgl.	vergleiche
WpHG	Wertpapierhandelsgesetz
z. B.	zum Beispiel

Die Autoren

Mag. Sabine Illetschko

geboren 1975 in Klagenfurt, studierte Handelswissenschaften an der Wirtschaftsuniversität Wien und der Università degli Studi di Trieste mit den Schwerpunkten Strategisches Controlling und Betriebswirtschaft der Klein- und Mittelbetriebe.

Nach der anfänglichen Spezialisierung auf die Bereiche operatives und strategisches sowie Projekt-Controlling entwickelte sich schnell das Interesse an der Organisationsentwicklung. Ihre Kenntnisse in der Systemanalyse basieren auf praktischen Erfahrungen in der Planung und Umsetzung zahlreicher Projekte im Zuge ihrer langjährigen Tätigkeit als Unternehmensberaterin.

Seit dem Erscheinen der 8. EU-Richtlinie beschäftigt sie sich intensiv mit der praktischen Umsetzung der gesetzlichen Anforderungen zu den Themen Risikomanagement und Interne Kontrollsysteme sowie rechtliche Compliance und begleitet Mittel- bis Großbetriebe bei der Umsetzung der Gesetzesvorgaben. Sie ist zertifizierte Projekt-, Senior Prozess- und Senior Risikomanagerin.

denkdimensionan.at

Dr. Roman Käfer

geboren 1970, studierte Maschinenbau an der Technischen Universität Wien mit den Schwerpunkten Betriebswissenschaften und Qualitätsmanagement und promovierte anschließend. Nach der Tätigkeit als Qualitätsmanager in einem Telekommunikationsunternehmen ist er seit 1996 geschäftsführender Gesellschafter der procon Unternehmensberatung (www.procon.at). Dabei liegen die Beratungs- und Forschungsschwerpunkte im Aufbau und in der Optimierung prozessorientierter Managementsysteme, in der Organisationsentwicklung, im Prozessmanagement, bei Themen des General Managements sowie im  Risikomanagement. Zu den Branchenschwerpunkten zählen Dienstleistungsunternehmen, hier insbesondere Unternehmen aus dem medizinisch-technischen Bereich, dem Transportwesen, der Flughafenorganisation und der öffentlichen Verwaltung sowie Unternehmen im Bereich Industrie.

Seit 1994 führt er Lehrtätigkeiten am Wirtschaftsförderungsinstitut in Wien, Niederösterreich und Salzburg (Ausbildung von Qualitätsbeauftragten, Qualitätsmanagern, internen Auditoren, externen Auditoren, Senior Process Managern, Senior Risk Managern etc.) sowie für die Wirtschaftskammer Österreich in Osteuropa und Afrika zu den Themen Qualitätsmanagement, TQM, Organisation und Führung durch. Er ist als Lektor am Continuing Education Center der Technischen Universität Wien, an der Donau-Universität Krems und der Fachhochschule Wien insbesondere zum Thema Qualitäts- und Prozessmanagement tätig.

Herr Dr. Käfer ist Beirat der Gesellschaft für Prozessmanagement (www.prozesse.at), Publikationen in Fachzeitschriften und Büchern runden seine Tätigkeit ab.

Dipl.-Wirtsch.-Ing. (FH) Klaus Spatzierer

geboren 1982 in Mistelbach, begann nach seiner Ausbildung in Wien an der Höheren Technischen Lehranstalt für Wirtschaftsingenieurwesen mit Schwerpunkt Betriebsmanagement seine berufliche Laufbahn im Bereich Qualitätssicherung und Qualitätsmanagement in der Automobilzulieferindustrie.

Das Interesse verlagerte sich daraufhin immer mehr in den Bereich des umfassenden prozessorientierten Managementsystems. In einem internationalen Konzern im Sektor Sonderfahrzeugbau etablierte er erfolgreich ein prozessorientiertes und integriertes Managementsystem. Danach war Klaus Spatzierer für die Weiterentwicklung des Integrierten Managementsystems und die operative Qualitätssicherung verantwortlich. Er vertiefte sein Wissen im Zuge eines berufsbegleitenden Studiums an der Fern-Fachhochschule Hamburg im Fachbereich Wirtschaftsingenieurwesen mit dem Schwerpunkt Unternehmensführung.

Klaus Spatzierer ist seit 2010 bei der procon Unternehmensberatung tätig und leitet seit 2012 den Geschäftsbereich Risikomanagement. Im Zuge der Beratungstätigkeit begleitet er Kunden aus verschiedensten Branchen beim Aufbau und der Weiterentwicklung von Risikomanagementsystemen, aber auch Prozess- und Qualitätsmanagementsystemen.

Neben der Tätigkeit als Senior-Berater ist er im Rahmen der Ausbildungsprogramme der procon Unternehmensberatung als Trainer an verschiedenen Bildungseinrichtungen im deutschsprachigen Raum tätig.

Index

A

Abschlussprüfer *62*
Abschlussprüfern *19*
Aktivität *86*
Arbeitssicherheit *43*
Aufgabe *139, 142 ff., 146 f.*
Ausgestaltung, transparente *3*
Automobilindustrie *41*

B

Belegflussanalyse *115*
Best-Practice-Modelle *6*
Bewertung *158*
Bewertungskriterien *78*
Börsenaufsicht *56*

C

Chance *20*
Change-Management *171*
Checkliste *6*
Compliance *108, 130*
Corporate-Governance *26*

D

Dienstleistung *86*

E

Einheitlichkeit *6*
Eintrittshäufigkeiten *79*

Eintrittswahrscheinlichkeit *79, 87 f.*
Entdeckbarkeit *80*
Ergebniszielsicherung *31*

F

Finanzberichterstattung *30*
FMEA *117*
Führung *86*
Funktionstrennung *115*
Fusion *86*

G

Gefahr *20*
Gesamtrisikoposition *107*
Gesprächsbasis *6*
Gesundheitsschutz *43*
Grundsätze, risikopolitische *57, 74*
Grundsätze, Zielerreichung *73*

H

Hilfsmittel *6*

I

Informationstechnologie *86*
Interner Auditor *142*
Interne Revisoren *142*

K

Kompetenz *139, 142 f., 145 ff.*
Kontinuierliche Verbesserung *38*
kontinuierlicher Verbesserungsprozess
  9
Kontrolle, detektive *125*
Kontrolleigner *147*
Kontrolle, übergeordnete *125*
Kontrollsystem, internes *17, 24, 25*
Kontrollumfeld *33*
Kundensegment *86*

L

Leistungsprozess, operativer *86*
Leitbild *73*
Luftfahrtindustrie *41*

M

Management of Change *171*
Managementreviews *158*
Managementsystem *3 f.*
Managementsystem, integrativ *15*
Markt *86*
Maßnahmenblatt *124*
Medizinprodukte *41*
Mindestlevel *6*
Mission *73*
Monitoring *157*
Monte-Carlo-Simulation *108*
Morphologische Analyse *117*
Motivationsziel *73*

N

Nachvollziehbarkeit *62*

O

Oberste Leitung *143*
ONR49002-1 *86*
Optimierung *158*
Organisationhilfe *31*

P

Partnerschaft *86*
Personalentwicklung *86*
Personalmanagement *86*
Produkt *86*
Projektauftrag *167 f.*
Projektmanagement *42*
Prozesskategorien *15*
Prozesslandkarte *16*
Prüfungsausschuss *26, 139*

R

Rahmen *37*
Rechenmodell *107*
Rechtskonformität *30*
Revision, interne *140*
Risiken der künftigen Entwicklung *25*
Risiko *20*
Risikoaggregation *107*
Risikoakzeptanz *120*
Risikoanalyse *33, 101*
Risikobewertung *91*
Risikoblatt *104*
Risikoeigner *147*
Risiko, Eintritt *80, 121*
Risiko, externes *87*
Risikogrenzen *78*
Risikoidentifikation *91*
Risiko, internes *87*
Risikokontrolle *157*
Risiko-kontroll-Matrix *128*
Risikokultur *175*
Risikoliste *97*
Risikomanagement, Begriffe *19*
Risikomanagement, proaktiv *120*
Risikomanagementprozesses *38*
Risikomanagement, reaktiv *120*
Risikomanagementsystem *17, 24*
Risikomanager *144*
Risikomonitoring *130, 171*
Risiko, operationales *89*
Risikostreuung *122*
Risikoüberwachung *157*

Risikoüberwälzung *122*
Risikoverantwortliche *145*
Risikoverminderung *121*
Risk-Owner *76*

S

Schaden, Eintritt *80*
Schadensausmaß *79, 82, 88*
Schadensfolge *80*
Standard *6*
Steuerungsinstrument *31*
Steuerungssystem *8*
Steuerungssystem, integratives *8*
Swimlane *112*
Systemlandkarte *10*

T

Tests *141*
Themenbezogenheit *6*
Transparenzkriterium *51*

U

Übernahme *86*
Überwachungssystem *24*
Umfeldfaktor *86*

Umfeld, internes *33*
Umsetzung *38*
Unternehmenspolitik *46, 73*
Unternehmenszweck *73*
Ursache-Risiko-Wirkung *103*
Ursache-Wirkungs-Kette *20*

V

Verantwortung *140, 142 f., 145 ff.*
Verbindlichkeit *6*
Vision *73*
Vorgabe *37*
Vorgaben *6*
Vorkehrungen, organisatorische *126*

W

Wirkungszeitraum *80*

Z

Zertifizierbarkeit *5*
Ziele, strategische *31*
Zielfokus *13*
Zielkonsistenz *3*
Zielpyramide *72*

Praxiserprobter Prozess-Lifecycle als Systematik im PQM

Wagner | Käfer
PQM – Prozessorientiertes Qualitätsmanagement
Leitfaden zur Umsetzung der ISO 9001
Inklusive kostenlosem E-Book
6. Auflage. 352 Seiten. Gebunden
ISBN 978-3-446-43570-4

Mit Prozessorientiertem Qualitätsmanagement (PQM) lassen sich die Prozesse und Strukturen eines Unternehmens wirksam und effizient gestalten. Dieses Buch bietet alles, was man braucht, um PQM im Betrieb umzusetzen. Im Mittelpunkt steht der Prozess-Lifecycle: wie man Prozesse identifiziert, wie man sie übersichtlich darstellt und laufend optimiert.

Vorlagen, Checklisten, Beispiele und Tipps zur Durchführung von prozessorientierten internen Audits liefern das Rüstzeug zur erfolgreichen Umsetzung der Forderungen der ISO 9001. Die Vorstellung verschiedener EDV-Tools zur Prozessdarstellung und -optimierung rundet diese umfassende Aufbereitung des Themas PQM ab.